风电机组塔筒结构强度校核与优化设计

龙凯 著

·北京·

内 容 提 要

为了使广大企业技术人员、科研人员、高校教师与学生能了解风电机组塔筒结构强度校核和分析方法，本书细致阐述了塔筒薄壁圆筒屈曲强度、应力疲劳相关概念、塔筒焊缝极限强度与疲劳强度分析方法、法兰连接螺栓疲劳强度分析方法、塔筒涡激振动焊缝疲劳分析方法等。

本书既可以供从事风电机组塔筒结构设计的从业人员学习使用，也可作为高校教学单位师生的参考用书。

图书在版编目（CIP）数据

风电机组塔筒结构强度校核与优化设计 / 龙凯著
. -- 北京 : 中国水利水电出版社, 2020.10
ISBN 978-7-5170-9113-4

Ⅰ. ①风… Ⅱ. ①龙… Ⅲ. ①风力发电机－发电机组－钢塔－结构强度－研究 Ⅳ. ①TM315.36

中国版本图书馆CIP数据核字(2020)第218739号

书 名	风电机组塔筒结构强度校核与优化设计 FENGDIAN JIZU TATONG JIEGOU QIANGDU JIAOHE YU YOUHUA SHEJI
作 者	龙凯 著
出版发行	中国水利水电出版社 （北京市海淀区玉渊潭南路1号D座 100038） 网址：www.waterpub.com.cn E-mail：sales@waterpub.com.cn 电话：（010）68367658（营销中心）
经 售	北京科水图书销售中心（零售） 电话：（010）88383994、63202643、68545874 全国各地新华书店和相关出版物销售网点
排 版	中国水利水电出版社微机排版中心
印 刷	清淞永业（天津）印刷有限公司
规 格	140mm×203mm 32开本 3.875印张 104千字
版 次	2020年10月第1版 2020年10月第1次印刷
印 数	0001—1500册
定 价	**42.00**元

前　言

在一般性行业中，通用性的结构分析方法通常采用有限元法计算得到结构响应量如位移、应力等，并用于评估结构的刚强度等。与此有所不同，在风电机组结构分析方面，大量采用了工程类算法和有限元法相结合的手段，并在认证计算（如德国劳式船级社认证、中国鉴衡认证）中强制要求了相关内容。作为风电机组支撑结构的塔筒，具有载荷比较复杂，失效形式多样等特点，在结构强度校核上针对不同的强度类型，需要选择应用工程类算法或有限元法，由于结构参数同时影响多种不同类型的强度参数，这使得塔筒结构强度分析与优化设计的掌握较为烦琐困难。因此，向高校学生、工程技术人员普及有关于风电塔筒强度分析与校核的方法，是十分必要的。

有鉴于此，为了适应风力发电专业教学的需求，使得风力发电专业的研究生具有对风电塔筒结构强度分析与校核、优化设计、认证涉及的相关方法的基本认识，作者编写了这本教材。

本书第 1 章对风电机组塔筒屈曲分析、螺栓强度、法兰结构和动力学研究进行了历史和发展历程的综述；第 2 章介绍了塔筒焊缝截面应力计算方法，重点介绍了 DIN18800 - 4 标准中薄壁圆筒屈曲强度计算方法；第 3 章介绍了有关应力疲劳相关概念，为后续章节打下基础；第 4 章介绍了塔筒焊缝极限强度和疲劳强度，其中包括普通焊缝和顶部法兰焊缝，分别采用了工程算法和有限元方法；第 5 章介绍了塔筒门洞结构极限强度和焊缝处疲劳强度计算方法；第 6 章针对法兰一螺栓系统，采用 GL 认证（德国劳氏船级社）规范中推荐的 Schmidt-Neuper 算法对螺栓疲劳强度进行了校核。在此基础上，采用有限元法建立了法兰的缺陷模型，进一步揭示了法兰缺陷对螺栓疲劳寿命的影响；第 7 章开展了涡激振动下焊缝疲劳分析。

本书出版得到了华北电力大学“双一流”研究生人才培养项目、国家重点研发计划“大型海上风电机组及关键部件优化设计及批量化制造、安装调试与运行关键技术”子课题“传动链关键部件优化设计和批量制造工艺及检测技术课题”（2018YFB1501304）的资助，在此表示感谢。此外，已毕业本科生龚大副、刘雨菁，已毕业研究生谢园奇、毛晓娥、丁文杰，北京航空航天大学贾娇博士完成了本书中有关章节的计算分析工作；吉亮、谷春璐、陈卓、杨晓宇等研究生参加了本书的编辑和整理工作，感谢他们付出辛苦的工作和宝贵的时间。

龙凯

2020 年 8 月

目　　录

第1章　绪　　论

众所周知，经济的发展离不开能源的利用。随着世界经济的快速发展，各行各业对能源的需求日益增加，能源问题作为关系到人类生存的重大问题越来越受到世界各国的关注。传统的化石能源，如煤、石油、天然气，在一定程度上满足了社会的生产发展和人们的生活需求，但这些不可再生能源的开采、利用不仅破坏了生态环境，还造成环境污染。在能源需求量不断增加和保护生态环境的双重压力下，对新能源的开发与研究成了能源利用的新天地。风能作为一种主要的可再生能源，其开发和利用一直在新能源研究中被广泛关注。

1.1　风电机组钢制塔筒概述

塔架是支撑机舱及风电机组零部件的结构。它将风电机组与地面连接，为风轮提供必要的工作高度，通过基础将风电机组各部件的荷载传至地面。目前采用的塔架有以下几种：

（1）按固有频率分类。按固有频率分类，塔架可分为刚性塔架（固有频率大于风轮旋转频率的塔架）和柔性塔架（固有频率小于风轮旋转频率的塔架）。柔性塔架质量轻而且较便宜，它能够允许更多的位移并承受更大的应力。由于柔性塔架的固有频率低于叶片旋转频率，因而每当风电机组升速时，将会引起瞬态共振。尽管这种瞬态共振会使机舱产生一些位移，但由于发生的时间较短，不会有危险。在设计风电机组塔架的结构动力时，需要在满足安全性的同时兼顾经济性。目前大型风电机组的塔架多为刚性塔架。

（2）按结构形式分类。按结构形式分类，塔架可分为桁架式塔架和圆筒式塔架。

1）桁架式塔架常用于中小型风电机组，主要由角材杆件组成，各杆件通过螺栓连接，其优点是造价不高，运输方便，但由于桁架式塔架是开放式的，风电机组维修时不利于工作人员攀爬，也不利于线缆安装和保护。

2）圆筒式塔架具有美观大方，安全性能好，维修方便等优点，在大中型风电机组中被广泛采用。塔架由底向上直径逐渐减小，整体呈圆台状，塔架底部用法兰盘由螺栓与地基连接，顶部由连接座和偏航轴承与机舱连接起来，各段塔筒均有法兰，法兰之间采用螺栓连接。塔架内部装有爬梯和安全绳以及工作平台，控制系统放在塔架内部的平台上。本书以圆筒式塔架为研究对象。

由于塔筒所受载荷比较复杂，而且是组合部件，在进行结构分析时需要考虑的因素比较多，如由于自然风的风速和风向不断变化，风也可能发生湍流等状态的变化，因此在设计塔筒时，需要满足在风载作用下的静强度、疲劳强度和稳定性要求，同时塔筒的刚度和强度也需要满足要求，防止风脱离塔筒时，产生的附加载荷引起塔筒发生振动或变形；风电机组运行时风轮的转动激励塔筒振动，那么塔筒的固有频率须避开激励频率以防止因共振而产生破坏。随着风电机组逐渐向大型化发展，塔筒高度逐渐增加，重量超过百吨。由于风电机组的零部件大部分都安装在塔筒上，塔筒如果发生倒塌或者断裂，将造成风电机组重大损失。因此对其结构强度的要求越来越高。

塔筒失效形式繁多，通常在认证标准中涉及的刚强度校核内容包括固有频率、涡激振动下的焊缝疲劳分析、薄壁圆筒件的屈曲失效分析、焊缝的极限强度与疲劳强度、法兰—螺栓系统的极限强度与疲劳强度、塔筒门洞处的焊缝极限强度与疲劳强度等。按认证分析方法分为工程类算法和有限元方法。其中在GL2010认证标准[1]中涉及的工程类算法包括DIN18800－4标准、EC3标准、DIN4133标准等。有限元法通常对于不满足材料力学假设的结构对象，如塔筒门洞、顶部法兰等结构开展研究。

1.2 薄壁圆筒屈曲分析

轴压圆柱钢薄壳结构包括筒仓、塔桅、烟囱、容器等，其屈曲问题是壳体稳定研究中最为活跃的课题之一[2]。各国学者围绕壳体屈曲的缺陷敏感性进行了富有成效的研究，其中较为典型的研究包括欧洲钢壳规范中规定的屈曲算法[3]。在风电机组塔筒方面，屈曲校核大致分为工程算法和有限元算法两大类，如赵世林等[4]研究了塔架在风轮、机舱荷载和自身重力作用下引起的塔架屈曲问题的工程算法和有限元法。陈严等[5]根据叶素动量理论，考虑三维紊流风场、Beddoes - Leishman 动态失速模型、惯性载荷及重力载荷计算得到塔架动态载荷，并运用有限元法对塔筒进行了屈曲分析。文献［6］运用工程算法，考虑了局部屈曲稳定性约束，实现了塔筒的轻量化设计。由于缺少必要的研究和设计标准指导，大型风电机组塔架门洞局部失稳、折断等事故时有发生。随着大型化风电机组设计研究的发展，塔筒门洞及门框设计呈现多样化趋势，这使得以往的经验设计已不再适用。有限元等数值分析方法具有坚实的理论基础与广泛的工程应用，近几年来逐步应用于大型化风电机组塔筒结构设计中。但是对于塔筒门洞屈曲失稳这类问题，有限元法只能作为一种辅助分析手段，它需要与其他工程算法相结合来进行分析计算。

1.3 螺栓连接与其疲劳强度特性

螺栓连接是机械设备连接的主要形式。高强度螺栓因其具有连接紧密、受力和抗震性能好等优点，被广泛应用在各种大型机械设备中[7]。如大型核电设备压力容器的高密封性紧固连接[8]，航天飞机承力部件的干涉配合[9]，复杂钢结构工程中采取的摩擦型高强度螺栓连接等[10]。由复杂交变载荷引起的疲劳失效在高强度螺栓失效中最为常见。有限元法与实验研究等手段在此类研究中应用广泛。杜运兴等[11]应用理论计算结合有限元方法（finite element method，FEM）确定了常用螺栓螺纹力与螺栓位移系数的计算公式，计算得到螺栓应力集中系数。Liao等[12-13]考虑了螺纹结构和损伤力学行为，应用多轴疲劳模型进行螺纹连接结构疲劳寿命的高精度预测。Luan等[14]引入双向非线性动力学模型，并对比传统线性梁模型，分析了螺栓的静态力学性能和耦合振动问题。Ma等[15]讨论了法兰厚度、螺栓间距和螺栓规格对螺栓连接强度的影响，提出一种不包含垫片的法兰螺栓轻量化设计方法。

近几年，随着大型风电机组的装机容量日益增加，工作条件更加恶劣，对连接螺栓的抗疲劳性能要求不断提高。在风电机组中，螺栓连接主要体现在叶片根部与轮毂连接[16-17]、轮毂与主轴连接[18-19]以及塔筒法兰连接[20-24]等方面。

史文博等[16]基于VDI2230标准，对风电机组轮毂法兰与变桨轴承螺栓连接进行接触强度分析，提出用等效梁模拟螺栓连接，建立一种螺旋副轴向径向接触刚度模型计算方法。喻光安等[17]采用有限元数值方法，研究法兰结构缺陷以及螺栓套伸出长度对叶片螺栓连接载荷系数和疲劳寿命的影响。杜静等[18]基于VDI2230标准，建立螺栓等效轴向和径向刚度梁模型，分析了风电机组轮毂与主轴法兰螺栓连接强度和极限载荷。晁贯良等[19]利用有限元结合理论分析方法，研究了主轴连接螺栓强度和接触面滑移问题，计算得到危险螺栓疲劳损伤。

与上述部件不同，风电机组塔筒法兰螺栓强度研究大致分为工程算法、有限元法和实验研究三类方法。与其他工业装备螺栓校核有所不同，塔筒法兰螺栓疲劳强度校核广泛采用工程设计算法，如Petersen算法、VDI2230算法、Seidel算法和Schmidt－Neuper算法[20]等。以上方法的共同思路是通过建立塔筒薄壁外界拉力和螺栓应力关系，在此基础上，获取螺栓时序应力，并基于线性累积假设得到螺栓疲劳损伤值。近几年，国内许多学者基于传统的工程算法对螺栓疲劳损伤开展了一系列研究，龙凯等[20-21]基于 Schmidt - Neuper 算法分析了法兰厚度、螺栓数量、螺栓预紧力、螺栓中心线圆周分布直径和法兰内径对螺栓最大累积损伤的影响，在此基础上实现了塔筒法兰系统的轻量化设计[21]。何玉林等[22]基于 Schmidt - Neuper 算法计算了某风电机组塔筒螺栓的疲劳寿命。

基于有限元法的研究方面，周舟等[23]建立了基础法兰系统 FE 模型，研究其受力特性，同时采用试验的方法研究螺栓过载失效问题。杜静等[24]对比了 FEM、Schmidt - Neuper 和 Seidel 三种不同方法下的螺栓疲劳损伤结果，结果表明 FE 模型因忽略塔筒法兰间隙，高估了螺栓的抗疲劳性能。

不少学者基于试验研究几何形状和预紧力对螺栓疲劳特性影响，Schmidt 等[25]基于试验研究，指出特定形状的几何间隙会显著增加应力幅值，从而影响结构的疲劳寿命。Schaumann 等[26]对大直径高强度螺栓进行了疲劳试验，并采用局部缺口应变法计算了螺栓疲劳强度。Caccese 等[27]通过试验研究应力松弛对螺栓预紧力、连接强度和疲劳寿命的影响。

1.4 风电机组塔筒法兰结构设计概况

法兰系统由于高可靠性、承载力好，以及良好的通用性，广泛应用于不同的工业装备领域的连接结构中[28]。风电机组塔筒法兰系统由法兰、螺栓和垫片组成，其设计形式借鉴了传统行业的设计方法，如 VDI2230 标准。常见的塔筒法兰结构形式有 L 型和 T 型。目前，国内大型风电机组多采用 L 型厚法兰，具有依赖进口，体积庞大和生产条件不足等缺点。随着风电机组单机容量增加以及海上风电进一步发展，机组的高度和重量不断加大，传统法兰只能通过增加厚度的方式，提高法兰系统力学性能。但同时也增加了材料成本及加工成本，不利于风电行业的长远发展。针对以上痛点问题，许多国内学者通过建立简化的法兰工程模型，研究不同参数变量对法兰力学性能的影响程度，对法兰系统进行参数优化设计，使之在满足可靠强度的前提下，尽量减少材料用量，满足法兰轻量化设计要求[29]。

龙凯等[21]基于一阶泰勒展开，建立了塔筒法兰结构显式优化模型，在保证螺栓疲劳损伤限值条件下，实现优化结构总重量大幅度下降。刘远东等[30]基于响应面法，建立螺栓—法兰连接的多目标优化设计模型，计算得到法兰结构的最优几何参数。蒋国庆等[31]考虑经典响应面模型的局限性，基于结构参数与响应指标的内在联系建立修正模型，并结合遗传算法计算得到优化参数，提高了优化效率。王洪锐等[32]通过有限元和试验结合的方法，分析了某螺栓法兰连接结构失效主要原因，提出三种增大法兰刚度和螺栓承载能力方案，增强了法兰连接系统的可靠性。此外，更有学者创造性地提出一些新型法兰连接结构，并开展了相应研究。如马人乐等[33-34]率先提出反向平衡法兰结构（图 1-1），采用有限元法分析了反向平衡法兰的静强度和疲劳特性，并基于试验验证了新型结构的稳定性。

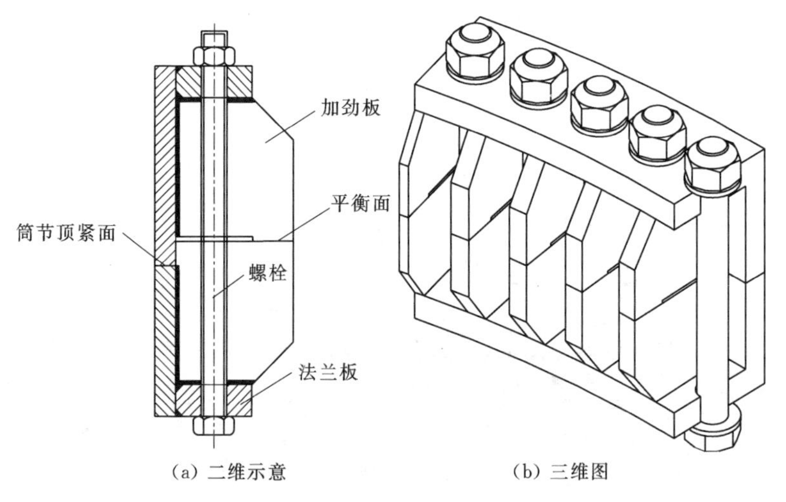

(a) 二维示意　　(b) 三维图

图 1-1　反向平衡法兰结构

1.5 风电机组塔筒动力学分析

大中型水平轴风电机组塔筒承受风轮、轮毂及其他塔顶部件的重量，其振动特性直接影响到风电机组的结构可靠性和运行稳定性。由于自然界风在时间和空间上的多变性，造成风电机组塔筒结构受力非常复杂。在空间上要考虑风速、风向和风压沿塔架高度的变化，在时间上由于风速的脉动以及随风频脱落的涡系等。塔架结构的变形和振动，不仅会引起塔基附加应力，而且会影响顶端风轮的变形和振动。风轮与塔筒间存在着强耦合振动关系，故而塔筒结构动力学是结构性能研究首先要解决的问题。在此方面，陆萍等[35]采用自动划分单元网格技术，研制了用于风电机组塔筒结构的动态分析程序系统。陈严等[36]根据叶素动量理论，考虑三维紊流风场、Beddoes－Leishman 动态失速模型、惯性载荷等计算了风电机组整机载荷，得到了塔筒极限载荷。刘雄等[37]在风轮建模基础上计算得到作用在塔筒顶端的集中载荷，采用二结点梁单元建立塔筒离散化模型，考虑结构阻尼和气动阻尼，运用线性加速度法和模态叠加原理计算得到塔筒动态响应。李德源等[38-39]应用有限元法分析了某 1.5MW 风电机组塔筒在非定常气动力下的动力响应，研究了作用在圆筒型塔架上的气动力特别是非定常气动力与雷诺数的关系，计算了塔顶处横向和顺风向在过临界和超临界条件下的动态位移，并考察了风轮和机舱重量对塔架固有频率的影响。

1.6 本 章 小 结

从风电机组塔筒薄壁圆筒的屈曲分析、螺栓连接及其疲劳强度特性、法兰结构设计和结构动力学方面，论述了大型风电机组塔筒结构分析与设计研究的历史发展进程和研究现状。

第 2 章　塔筒薄壁圆筒屈曲强度校核

2.1 引　言

塔筒薄壁圆筒结构满足材料力学的基本假设。本章将考虑塔筒薄壁圆筒锥角，采应用 DIN18800 - 4 标准计算得到每一个薄壁圆筒段的应力值。同时按照 DIN18800 - 4 标准规定内容，在考虑几何缺陷、材料缺陷基础上，计算得到理想屈曲强度、实际屈曲强度和极限屈曲强度，从而校核薄壁圆筒段的屈曲强度。对于塔筒底部门洞，由于其几何形状具有非规则特点，提出基于 GL2010 标准和有限元两种计算方法结果来作为 DIN18800 - 4 计算结果的修正。作为风电机组零部件中典型工程类算法的应用，本章内容也为后续章节中焊缝处应力计算做好准备[40]。

2.2 塔 筒 坐 标 系

根据 GL2010 标准，塔筒坐标系如图 2 - 1 所示，塔筒坐标

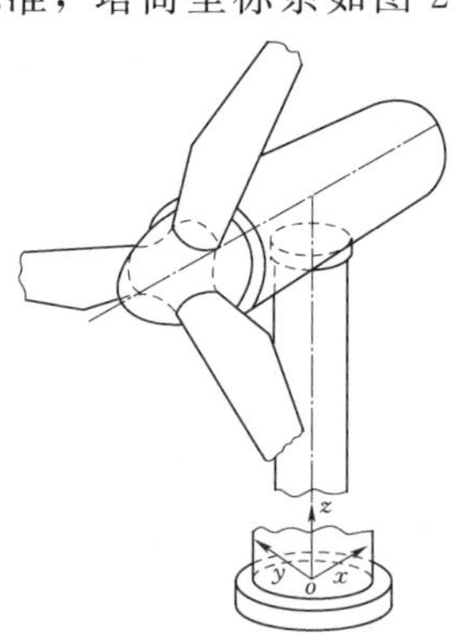

图 2 - 1　塔筒坐标系

系原点为塔筒轴线与地基上表面交点，不随机舱旋转；z 轴为竖直方向，与塔筒轴线同轴，向上为正；x 轴为水平方向，下风向为正；y 轴按右手定则确定。

2.3 钢制塔筒材料数据

塔架薄壁采用的材料为Q345，弹性模量为210GPa，泊松比为0.3，密度为7850kg/m^3，屈服强度随着薄壁圆筒的厚度变化，其数值见表2-1。

表2-1　　Q345材料屈服强度　　单位：MPa

牌号	厚度≤16mm	厚度范围 16～35mm	厚度范围 35～50mm	厚度范围 50～100mm
Q345	345	325	295	275

2.4 塔筒截面几何数据

塔筒的基本型式为若干薄壁圆筒段焊接构成，分析对象塔筒由27段薄壁锥形圆筒焊接而成，有28个焊缝即28个截面。几何尺寸见表2-2。

表2-2　　塔筒截面的几何尺寸

截面编号	截面外径/mm	截面厚度/mm
1	4200.0	38
2	4144.6	38
3	4089.0	34
4	4021.0	34
5	3953.0	30
6	3885.0	30
7	3817.0	28

续表

截面编号	截面外径/mm	截面厚度/mm
8	3749.0	26
9	3681.0	26
10	3613.0	24
11	3545.0	24
12	3477.0	24
13	3409.0	22
14	3341.0	22
15	3273.0	22
16	3205.0	20
17	3144.0	20
18	3076.4	20
19	3008.8	18
20	2941.2	18
21	2873.6	18
22	2806.0	16
23	2738.6	16
24	2671.0	16
25	2603.4	16
26	2535.8	16
27	2468.4	16
28	2400.0	16

根据GL2010标准，考虑材料安全因数为1.1，各塔筒截面几何尺寸、屈曲强度和设计强度值见表2-3。

表2-3　　塔筒截面的几何尺寸及强度

截面编号	截面厚度/mm	屈曲强度/MPa	设计强度/MPa
1	38	295	268.18
2	38	295	268.18

续表

截面编号	截面厚度/mm	屈曲强度/MPa	设计强度/MPa
3	34	325	295.45
4	34	325	295.45
5	30	325	295.45
6	30	325	295.45
7	28	325	295.45
8	26	325	295.45
9	26	325	295.45
10	24	325	295.45
11	24	325	295.45
12	24	325	295.45
13	22	325	295.45
14	22	325	295.45
15	22	325	295.45
16	20	325	295.45
17	20	325	295.45
18	20	325	295.45
19	18	325	295.45
20	18	325	295.45
21	18	325	295.45
22	16	325	313.64
23	16	325	313.64
24	16	325	313.64
25	16	325	313.64
26	16	325	313.64
27	16	325	313.64
28	16	325	313.64

2.5 塔筒截面载荷

对于某一零部件，存在着以百或千计数的载荷工况，将这些载荷工况中的危险工况挑选出来，根据GL2010标准，形成表2-4所示极限工况载荷表。以F_{xmax}工况为例，代表所有的载荷工况中，x方向载荷数值最大；F_{xmin}工况则代表所有的载荷工况中，x方向载荷数值最小，以此类推。值得注意的是，这里的数值是代数值，即负值达到最小，从而形成危险工况之一。*Fres*（或*Fr*）和*Mres*（或*Mr*）指的是x和y方向的合成数值，因为恒定为正，仅仅对应max数值工况。

表2-4　　GL2010推荐极限工况载荷表示范

		载荷工况	γ_F	F_x	F_y	F_z	*Fres*	M_x	M_y	M_z	*Mres*
F_x	Max										
	Min										
F_y	Max										
	Min										
F_z	Max										
	Min										
Fres	Max										
M_x	Max										
	Min										
M_y	Max										
	Min										
M_z	Max										
	Min										
Mres	Max										

注：F_x——塔筒截面受到x方向的力；
F_y——塔筒截面受到y方向的力；
F_z——塔筒截面受到z方向的力；
M_x——塔筒截面受到x方向的力矩；
M_y——塔筒截面受到y方向的力矩；
M_z——塔筒截面受到z方向的力矩。

由于塔筒主要受弯矩作用，故而针对每个截面，仅仅采用合成弯矩（Mres Max）最大工况进行校核。表 2-5 为采用 Focus 软件计算得到每个塔筒焊缝截面对应的极限载荷工况。

表 2-5　　塔筒截面载荷

截面编号	合力 F_{xy}/kN	力 F_z/kN	合力矩 M_{xy} /(kN·m)	扭矩 M_z/(kN·m)
1	730.29	−3198	59469.47	−2743.95
2	727.57	−3102	57857.43	−2714.15
3	724.84	−3007	56248.14	−2683.42
4	719.68	−2901	54277.51	−2619.52
5	717.25	−2809	52312.57	−2586.56
6	712.99	−2735	50350.79	−2519.15
7	711.32	−2660	48391.05	−2484.93
8	710.47	−2521	46213.46	−2450.52
9	709.76	−2449	44251.35	−2416.04
10	709.50	−2377	42285.44	−2381.61
11	709.61	−2307	40314.17	−2347.34
12	709.78	−2244	38336.24	−2313.38
13	709.91	−2183	36351.05	−2279.85
14	711.07	−2122	34360.65	−2279.85
15	710.40	−2062	32365.17	−2246.90
16	708.92	−2004	30366.58	−2214.67
17	708.16	−1953	28575.66	−2214.67
18	703.76	−1857	26393.10	−2183.30
19	697.36	−1808	24410.24	−2123.77
20	691.86	−1760	22439.19	−2095.90
21	683.25	−1713	20483.58	−2044.60
22	673.99	−1668	18549.39	−2000.02
23	661.99	−1623	16640.71	−1947.26
24	650.45	−1579	14762.45	−1912.33

续表

截面编号	合力 F_{xy}/kN	力 F_z/kN	合力矩 M_{xy} /(kN·m)	扭矩 M_z/(kN·m)
25	637.71	−1536	12917.11	−1891.66
26	627.12	−1497	11103.46	−1892.70
27	178.65	−1503	9628.98	−1291.05
28	177.83	−1462	9313.21	−1351.99

2.6 基于 DIN18800－4 的屈曲强度校核

2.6.1 薄壁圆筒的截面应力计算方法

假设塔筒锥角从上至下统一，则计算公式为

$$\theta=\arctan\left(\frac{D_{bottom}-D_{top}}{2H}\right) \tag{2-1}$$

式中 D_{bottom}——塔筒的底部直径，值为 4.2m；

D_{top}——塔筒的顶部直径，值为 2.4m；

H——塔筒第一个截面与第 28 个截面之间的高度，值为 72.21m。

基于 DIN18800－4 标准，各截面弯矩引起的最大正应力 $\sigma_{x,M}$ 计算公式为

$$\sigma_{x,M}=\frac{M}{\pi r^2 t\cos\theta} \tag{2-2}$$

$$r=\frac{D-t}{2} \tag{2-3}$$

式中 r——塔筒截面中径；

D——塔筒各截面处的外径；

t——薄壁厚度。

轴向拉压载荷引起的正应力 $\sigma_{x,N}$ 计算公式为

$$\sigma_{x,N}=\frac{P}{2\pi rt\cos\theta} \tag{2-4}$$

式中　P——截面轴向载荷。

合成正应力最大值 σ_x 的计算公式为

$$\sigma_x = |\sigma_{x,M}| + |\sigma_{x,N}| \tag{2-5}$$

扭矩引起的剪应力 τ_t 的计算公式为

$$\tau_t = \frac{M_t}{2\pi r^2 t} \tag{2-6}$$

式中　M_t——截面扭矩。

剪力引起的最大剪应力 τ_V 的计算公式为

$$\tau_V = \frac{V}{\pi r t} \tag{2-7}$$

式中　V——塔筒各截面处的剪力。

合剪应力最大值 τ 的计算公式为

$$\tau = |\tau_t| + |\tau_V| \tag{2-8}$$

根据材料力学第四强度准则，等效应力最大值 σ 计算公式为

$$\sigma = \sqrt{\sigma_x^2 + 3\tau^2} \tag{2-9}$$

2.6.2　理想屈曲强度

2.6.2.1　理想轴向屈曲强度

根据 DIN18800－4 标准，理想轴向屈曲应力计算中的 r 需要修正，修正公式为

$$r = \frac{r}{\cos\theta} \tag{2-10}$$

无须对屈曲进行安全分析的圆筒必须满足

$$\frac{r}{t} \leqslant \frac{E}{25\sigma_S} \tag{2-11}$$

式中　σ_S——材料的屈曲应力；

　　E——塔筒材料的弹性模量。

理想屈曲正应力计算公式为

$$\sigma_{xSi} = 0.605 C_x E \ \frac{t}{r} \tag{2-12}$$

式中　C_x——缩减系数。

由式（2-12）可知，t 与 r 成正比，在塔筒的外径一定的情况下，增加厚度可提高塔筒的抗屈曲能力。

缩减系数与塔筒本身的结构有关，其计算方法如下：

（1）短型和中等长度塔筒的定义及计算

短长度和中等长度塔筒必须满足

$$\frac{l}{r} \leqslant 0.5\sqrt{\frac{r}{t}} \tag{2-13}$$

其缩减系数 C_x 计算公式为

$$C_x = 1 + 1.5\left(\frac{r}{l}\right)^2 \frac{t}{r} \tag{2-14}$$

（2）长型塔筒的定义及计算

长型塔筒必须满足

$$\frac{l}{r} > 0.5\sqrt{\frac{r}{t}} \tag{2-15}$$

系数 C_x 计算公式为

$$C_x = \max\left\{0.6, 1 - \frac{0.4\frac{l}{r}\sqrt{\frac{t}{r}} - 0.2}{\eta}\right\} \tag{2-16}$$

式中　η——由支撑条件决定的系数，对风电机组的塔筒而言，$\eta = 1$。

根据 GL2010 标准，对上述缩减系数仍需要进一步修正，即

$$C_x = 1.0 \times \frac{\sigma_{x,M}}{\sigma_x} + C_{x,N} \times \frac{\sigma_{x,N}}{\sigma_x} \tag{2-17}$$

2.6.2.2　理想切向屈曲强度

无须对屈曲进行安全分析的塔筒必须满足

$$\frac{r}{t} \leqslant \left(\frac{E}{15\sigma_S}\right)^{0.67} \tag{2-18}$$

塔筒长度不同，理想屈曲切向应力的计算方法也不同。

此处的中径 r 需要修正，修正公式为

$$r=0.5(r_1+r_2)\frac{1}{\cos\theta}\left[1-\left(\frac{l}{r_2}\sin\theta\right)^{2.5}\right]^{0.4} \tag{2-19}$$

式中　r_1——塔筒截面的内半径；

r_2——塔筒截面的外半径。

（1）中短型塔筒的定义及计算。中短型塔筒必须满足

$$\frac{l}{r}\leqslant 8.7\sqrt{\frac{r}{t}} \tag{2-20}$$

理想切向屈曲应力计算公式为

$$\tau_{\mathrm{Si}}=0.75C_{\tau}E\left(\frac{t}{r}\right)^{1.25}\left(\frac{r}{l}\right)^{0.5} \tag{2-21}$$

其切向缩减系数 C_{τ} 的计算公式为

$$C_{\tau}=\left[1+42\left(\frac{r}{l}\right)^{3}\left(\frac{t}{r}\right)^{1.5}\right]^{0.5} \tag{2-22}$$

（2）长型塔筒的定义及计算。长型塔筒必须满足

$$\frac{l}{r}>8.7\sqrt{\frac{r}{t}} \tag{2-23}$$

此时，塔筒的理想屈曲应力计算公式为

$$\tau_{\mathrm{Si}}=0.25E\left(\frac{t}{r}\right)^{1.5} \tag{2-24}$$

2.6.3　实际屈曲强度计算

2.6.3.1　实际轴向屈曲强度计算

实际轴向屈曲应力用 $\sigma_{\mathrm{xS,R,k}}$ 表示，其计算公式为

$$\sigma_{\mathrm{xS,R,k}}=x\sigma_{\mathrm{S}} \tag{2-25}$$

式中　x——折减系数，与塔筒类型及受力情况有关。

（1）对于正常敏感度，其计算公式为

$$x_1=\begin{cases}1 & \lambda_{\mathrm{S}}\leqslant 0.4\\ 1.274-0.686\lambda_{\mathrm{S}} & 0.4<\lambda_{\mathrm{S}}\leqslant 1.2\\ \dfrac{0.65}{\lambda_{\mathrm{S}}^{2}} & 1.2<\lambda_{\mathrm{S}}\end{cases} \tag{2-26}$$

（2）对于高敏感度状态，其计算公式为

$$x_2=\begin{cases}1 & \lambda_S\leqslant 0.25\\ 1.233-0.933\lambda_S & 0.25<\lambda_S\leqslant 1.0\\ \dfrac{0.3}{\lambda_S^3} & 1.0<\lambda_S\leqslant 1.5\\ \dfrac{0.2}{\lambda_S^2} & 1.5<\lambda_S\end{cases} \tag{2-27}$$

式（2-26）和式（2-27）中的 λ_S 与几何结构缺陷及非弹性材料所处状态有关，不同的缺陷敏感度，其折减系数计算时 λ_S 计算方法也不同。

由以上极限应力分析计算可知，塔筒各截面应力主要由弯矩决定，塔筒轴向处于高敏感度状态，所以塔筒实际轴向屈曲应力的折减系数由式（2-28）决定。为了容易区分，将式（2-27）中的 λ_S 记为 λ_{Sx}，于是有

$$x_2=\begin{cases}1 & \lambda_{Sx}\leqslant 0.25\\ 1.233-0.933\lambda_{Sx} & 0.25<\lambda_{Sx}\leqslant 1.0\\ \dfrac{0.3}{\lambda_{Sx}^3} & 1.0<\lambda_{Sx}\leqslant 1.5\\ \dfrac{0.2}{\lambda_{Sx}^2} & 1.5<\lambda_{Sx}\end{cases} \tag{2-28}$$

$$\lambda_{Sx}=\sqrt{\frac{\sigma_S}{\sigma_{xSi}}} \tag{2-29}$$

式中　σ_{xSi}——塔筒的理想轴向屈曲应力；

σ_S——塔筒材料的屈服应力。

2.6.3.2　实际切向屈曲强度计算

实际切向屈曲应力用 $\tau_{S,R,k}$ 表示，其计算公式为

$$\tau_{S,R,k}=x\frac{\sigma_S}{\sqrt{3}} \tag{2-30}$$

式中　x——实际切向折减系数。

由以上极限应力计算结果可知，塔筒切向方向在正常敏感度范围内，可由式（2-31）得到切向折减系数 x_1。为了容易区

分，λ_S 记为 $\lambda_{S\tau}$，则有

$$x_1=\begin{cases}1 & \lambda_{S\tau}\leqslant 0.4\\ 1.274-0.686\lambda_{S\tau} & 0.4<\lambda_{S\tau}\leqslant 1.2\\ \dfrac{0.65}{\lambda_{S\tau}^2} & 1.2<\lambda_{S\tau}\end{cases} \tag{2-31}$$

$$\lambda_{S\tau}=\sqrt{\frac{\sigma_S}{\sqrt{3}\tau_{Si}}} \tag{2-32}$$

式中　τ_{Si}——塔筒的理想切向屈曲应力；

　　σ_S——塔筒材料的屈服应力。

2.6.4　极限屈曲强度

2.6.4.1　极限轴向屈曲强度

实际轴向屈曲强度用 $\sigma_{xS,R,d}$ 表示，其计算公式为

$$\sigma_{xS,R,d}=\frac{\sigma_{xS,R,k}}{\gamma_{M2}} \tag{2-33}$$

$$\gamma_{M2}=\begin{cases}1.1 & \lambda_{Sx}\leqslant 0.25\\ 1.1\left(1+0.318\dfrac{\lambda_{Sx}-0.25}{1.75}\right) & 0.25<\lambda_{Sx}\leqslant 2.00\\ 1.45 & \lambda_{Sx}>2.00\end{cases} \tag{2-34}$$

式中　γ_{M2}——局部安全系数。

2.6.4.2　极限切向屈曲强度

极限切向屈曲应力用 $\tau_{S,R,d}$ 表示，其计算公式为

$$\tau_{S,R,d}=\frac{\tau_{S,R,k}}{\gamma_{M1}} \tag{2-35}$$

式中　γ_{M1}——局部安全系数，此处取 $\gamma_{M1}=1.1$。

2.6.5　屈曲强度判断准则

屈曲强度的判断方法有两种，即单独判断和组合判断。单独判断数学表达式为

$$\frac{\sigma_x}{\sigma_{xS,R,d}}\leqslant 1,\quad \frac{\tau}{\tau_{S,R,d}}\leqslant 1 \tag{2-36}$$

组合判断数学表达式为

$$\left(\frac{\sigma_x}{\sigma_{xS,R,d}}\right)^{1.25}+\left(\frac{\tau}{\tau_{S,R,d}}\right)^{2}\leqslant 1 \tag{2-37}$$

2.6.6 实际工程应用

计算得到理想屈曲强度计算结果见表 2-6。

表 2-6 理想屈曲强度计算结果

截面编号	长度/mm	轴向类型	轴向缩减系数	GL 修正缩减系数	切向类型	切向缩减系数	轴向理想屈曲应力/MPa	切向理想屈曲应力/MPa
1	15200	长	0.805	0.990	短	1.00	2295.9	391.2
2	15200	长	0.797	0.989	短	1.00	2326.2	395.2
3	15200	长	0.812	0.990	短	1.00	2109.8	347.2
4	15200	长	0.802	0.990	短	1.00	2145.0	351.6
5	15200	长	0.817	0.991	短	1.00	1925.2	304.3
6	15200	长	0.806	0.990	短	1.00	1958.2	308.4
7	15200	长	0.810	0.991	短	1.00	1859.9	286.6
8	26720	长	0.600	0.981	短	1.00	1740.1	199.6
9	26720	长	0.600	0.981	短	1.00	1772.6	202.4
10	26720	长	0.600	0.981	短	1.00	1666.4	185.6
11	26720	长	0.600	0.981	短	1.00	1698.7	188.3
12	26720	长	0.600	0.981	短	1.00	1732.0	191.1
13	26720	长	0.600	0.981	短	1.00	1618.4	173.9
14	26720	长	0.600	0.981	短	1.00	1651.3	176.6
15	26720	长	0.600	0.980	短	1.00	1685.5	179.3
16	26720	长	0.600	0.980	短	1.00	1563.6	161.7
17	26720	长	0.600	0.980	短	1.00	1593.7	164.0
18	29730	长	0.600	0.980	短	1.00	1628.7	158.1
19	29730	长	0.600	0.979	短	1.00	1497.1	140.8
20	29730	长	0.600	0.978	短	1.00	1530.6	143.3
21	29730	长	0.600	0.977	短	1.00	1565.5	145.8

续表

截面编号	长度/mm	轴向类型	轴向缩减系数	GL 修正缩减系数	切向类型	切向缩减系数	轴向理想屈曲应力/MPa	切向理想屈曲应力/MPa
22	29730	长	0.600	0.976	短	1.00	1422.7	128.1
23	29730	长	0.600	0.975	短	1.00	1456.0	130.4
24	29730	长	0.600	0.973	短	1.00	1490.6	132.9
25	29730	长	0.600	0.971	短	1.00	1526.3	135.5
26	29730	长	0.600	0.969	短	1.00	1562.8	138.2
27	29730	长	0.600	0.965	短	1.00	1599.8	141.1
28	29730	长	0.600	0.966	短	1.00	1646.9	144.1

实际屈曲强度计算结果见表 2－7。

表 2－7　　实际屈曲强度计算结果

截面编号	截面高度/mm	轴向无量纲系数 λ_{Sx}	轴向折减系数 x_2	切向无量纲系数 $\lambda_{S\tau}$	切向折减系数 x_1	实际轴向屈曲应力/MPa	实际切向屈曲应力/MPa
1	160	0.342	0.914	0.629	0.843	245.2	130.5
2	2360	0.340	0.916	0.626	0.845	245.7	130.8
3	4560	0.374	0.884	0.701	0.793	261.1	135.3
4	7260	0.371	0.887	0.696	0.796	262.0	135.8
5	9960	0.392	0.868	0.748	0.761	256.3	129.8
6	12660	0.388	0.871	0.743	0.764	257.2	130.3
7	15660	0.399	0.861	0.771	0.745	254.4	127.1
8	18360	0.412	0.849	0.923	0.641	250.7	109.4
9	21060	0.408	0.852	0.916	0.646	251.8	110.1
10	23760	0.421	0.840	0.957	0.618	248.2	105.4
11	26460	0.417	0.844	0.950	0.623	249.3	106.2
12	29160	0.413	0.848	0.943	0.627	250.4	107.0
13	31860	0.427	0.834	0.988	0.596	246.5	101.7

续表

截面编号	截面高度/mm	轴向无量纲系数 λ_{Sx}	轴向折减系数 x_2	切向无量纲系数 $\lambda_{S\tau}$	切向折减系数 x_1	实际轴向屈曲应力/MPa	实际切向屈曲应力/MPa
14	34560	0.423	0.838	0.980	0.602	247.7	102.6
15	37260	0.419	0.842	0.973	0.607	248.9	103.5
16	39960	0.435	0.827	1.024	0.571	244.5	97.5
17	42640	0.431	0.831	1.017	0.577	245.6	98.4
18	45340	0.426	0.836	1.034	0.564	246.9	96.3
19	48040	0.444	0.819	1.096	0.522	241.8	89.1
20	50740	0.439	0.823	1.086	0.529	243.2	90.2
21	53440	0.434	0.828	1.076	0.536	244.5	91.4
22	56140	0.470	0.795	1.183	0.463	249.3	83.8
23	58840	0.464	0.800	1.172	0.470	250.9	85.2
24	61540	0.459	0.805	1.160	0.478	252.5	86.6
25	64240	0.453	0.810	1.148	0.486	254.1	88.0
26	66940	0.448	0.815	1.137	0.494	255.6	89.5
27	69640	0.443	0.820	1.125	0.503	257.2	91.0
28	72370	0.436	0.826	1.112	0.511	259.0	92.6

极限屈曲强度计算结果见表2-8。

表2-8　　极限屈曲强度计算结果

截面编号	轴向局部安全系数 y_{M2}	切向局部安全系数 y_{M1}	轴向极限应力/MPa	切向极限应力/MPa
1	1.12	1.1	219.2	118.6
2	1.12	1.1	219.8	118.9
3	1.12	1.1	232.2	123.0
4	1.12	1.1	233.1	123.5

续表

截面编号	轴向局部安全系数 y_{M2}	切向局部安全系数 y_{M1}	轴向极限应力/MPa	切向极限应力/MPa
5	1.13	1.1	227.2	117.9
6	1.13	1.1	228.1	118.4
7	1.13	1.1	225.2	115.5
8	1.13	1.1	221.4	99.2
9	1.13	1.1	222.5	99.9
10	1.13	1.1	218.9	95.6
11	1.13	1.1	220.0	96.3
12	1.13	1.1	221.1	97.1
13	1.14	1.1	217.1	92.2
14	1.13	1.1	218.3	93.0
15	1.13	1.1	219.5	93.8
16	1.14	1.1	215.0	88.3
17	1.14	1.1	216.2	89.1
18	1.14	1.1	217.5	87.1
19	1.14	1.1	212.4	80.5
20	1.14	1.1	213.7	81.5
21	1.14	1.1	215.1	82.5
22	1.14	1.1	218.0	75.4
23	1.14	1.1	219.6	76.7
24	1.14	1.1	221.2	77.9
25	1.14	1.1	222.7	79.2
26	1.14	1.1	224.3	80.5
27	1.14	1.1	225.9	81.8
28	1.14	1.1	227.8	83.1

根据 DIN18800－4 标准综合判断方式，计算得到表 2－9 中的结果。

表 2-9　　DIN18800-4 屈曲判断

截面编号	$\frac{\sigma_x}{\sigma_{xS,R,d}}$	$\frac{\tau}{\tau_{S,R,d}}$	组合判断
1	0.554	0.047	0.480
2	0.552	0.048	0.478
3	0.582	0.052	0.511
4	0.578	0.052	0.507
5	0.669	0.063	0.609
6	0.663	0.063	0.603
7	0.716	0.071	0.664
8	0.775	0.091	0.735
9	0.766	0.092	0.725
10	0.836	0.106	0.811
11	0.824	0.107	0.796
12	0.810	0.109	0.781
13	0.888	0.128	0.878
14	0.869	0.131	0.857
15	0.849	0.133	0.833
16	0.933	0.158	0.942
17	0.908	0.161	0.913
18	0.872	0.169	0.871
19	0.959	0.205	0.992
20	0.919	0.208	0.943
21	0.875	0.209	0.890
22	0.925	0.260	0.975
23	0.868	0.260	0.905
24	0.807	0.261	0.833
25	0.742	0.263	0.758
26	0.673	0.267	0.681
27	0.618	0.138	0.567
28	0.626	0.148	0.579

由表 2-9 可知，塔筒各截面安全。通过比较可知，塔筒在 19 截面最为危险，其组合判断或者轴向屈曲单独判断的理论值均较高，为 0.95 以上。当综合考虑屈曲应力时，切向屈曲应力对应的数值较小，相当于剪切应力对结果有了一个修正作用。

2.7 塔筒门洞的屈曲强度校核

2.7.1 基于 GL 规范的缩减因子计算

考虑到塔筒底部门洞结构，GL2010 标准对壳体屈曲计算方法进行了修正。对于边缘加固的圆弧形门框，屈曲应力需要根据缩减因子 C_x 修正，C_x 根据门框形式取值，其数学表达式为

$$C_1=A_1-B_1\left(\frac{r}{t}\right) \tag{2-38}$$

式中 A_1、B_1——影响系数数值由 GL2010 标准给出，见表 2-10。

表 2-10　　屈曲分析的缩减因子影响系数

孔径角 δ/(°)	A_1	B_1
20	0.95	0.0021
30	0.85	0.0021
60	0.70	0.0024

门洞及门洞加固门框横截面如图 2-2 所示，表 2-10 中 δ 表示门框沿塔筒周长的孔径角。式 (2-38) 需要满足的条件包括：$r/t \leqslant 160$；孔径角 $\delta \leqslant 60°$；门框高宽比 $h_1/b_1 \leqslant 3$。

本设计的塔筒的门洞角度为 20°，分析计算可知，公式需要的三个条件均满足，由此

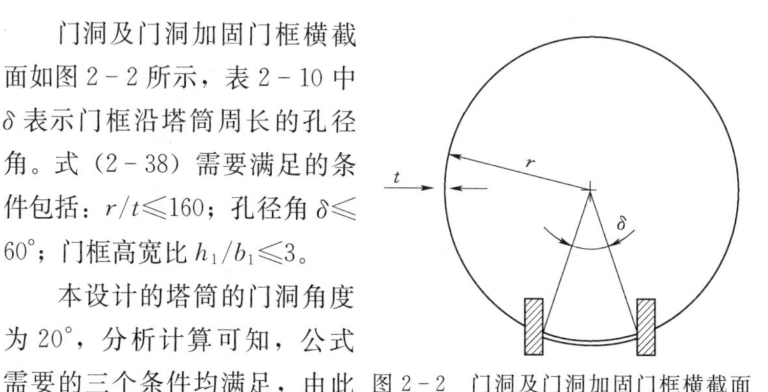

图 2-2　门洞及门洞加固门框横截面

可计算门洞附近（前三个截面）的缩减因子值见表 2-11。

表 2-11　　缩减因子计算结果

塔筒截面高度/m	缩减因子	塔筒截面高度/m	缩减因子
160	0.834	4560	0.824
2360	0.836		

所以基于 GL2010 标准的缩减因子取表 2-11 中三个值中的最小值 0.824。值得注意的是，该结果并未考虑门框的加强作用。

2.7.2　基于有限元法的缩减因子计算

由前面计算可知，在基于 GL2010 标准修正缩减因子时只考虑了塔筒底部门洞的存在，但没有考虑到实际中门洞加了门框的加强作用。在即将介绍的有限元的方法中，考虑了塔筒门洞的门框加强作用。可以分三种情况来分析塔筒的受载情况，即无门洞、有门洞、有门洞但含门框。此处省略了塔筒门洞含门框屈曲振型图，具体内容如下：

（1）工况确定。对塔筒所加载荷大小见表 2-12。

表 2-12　　塔筒门洞分析极限载荷表

力单位：N，力矩单位：N·m

工况	F_x	F_y	F_z	M_x	M_y	M_z
F_x min	**-741486**	71414	-2602088	-6516467	-46949076	-2985668
F_x max	**837795**	-19571	-2668719	2883066	42485692	-786909
F_y min	-25137	**-491477**	-2096712	23977774	3063888	-1601778
F_y max	244716	**513044**	-2585937	-29150508	9130962	-1772784
F_z min	107503	-25143	**-3111471**	1046424	-1612799	970036
F_z max	-266755	-75477	**-1942029**	4074821	-7833710	319641
Fr max	836558	-97087	-2692998	6922751	42438188	-182634
M_x min	235950	512958	-2584414	**-29156394**	9012006	-1781620
M_x max	-89974	-485925	-2108885	**24239370**	852498	-822652
M_y min	-711232	111249	-2620021	-7719823	**-47624852**	-2619519

续表

工况	F_x	F_y	F_z	M_x	M_y	M_z
M_y max	828167	72650	−2682848	−2478109	**42736552**	−35509
M_z min	361496	−29525	−2655794	1005145	11396407	**−6472104**
M_z max	252404	−229281	−2206759	13439167	10713841	**5151045**
Mr max	−699386	130680	−2627489	−8108069	−47596572	−2484929

（2）有限元模型的建立。有关塔筒门洞的有限元建模，将在第 4 章中详细介绍。

（3）采用有限元分析软件，可以计算得到有门洞和无门洞在各工况的屈曲振型图如图 2-3～图 2-5 所示。对于塔筒有门洞加门框的屈曲振型图，这里不列出，但给出各工况的最危险特征值。

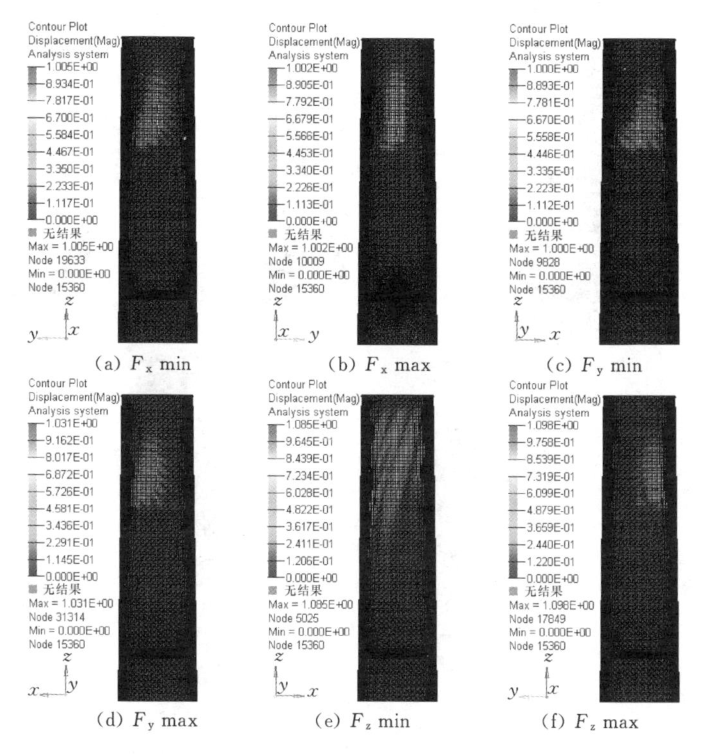

(a) F_x min　(b) F_x max　(c) F_y min

(d) F_y max　(e) F_z min　(f) F_z max

图 2-3（一）　无门洞屈曲振型

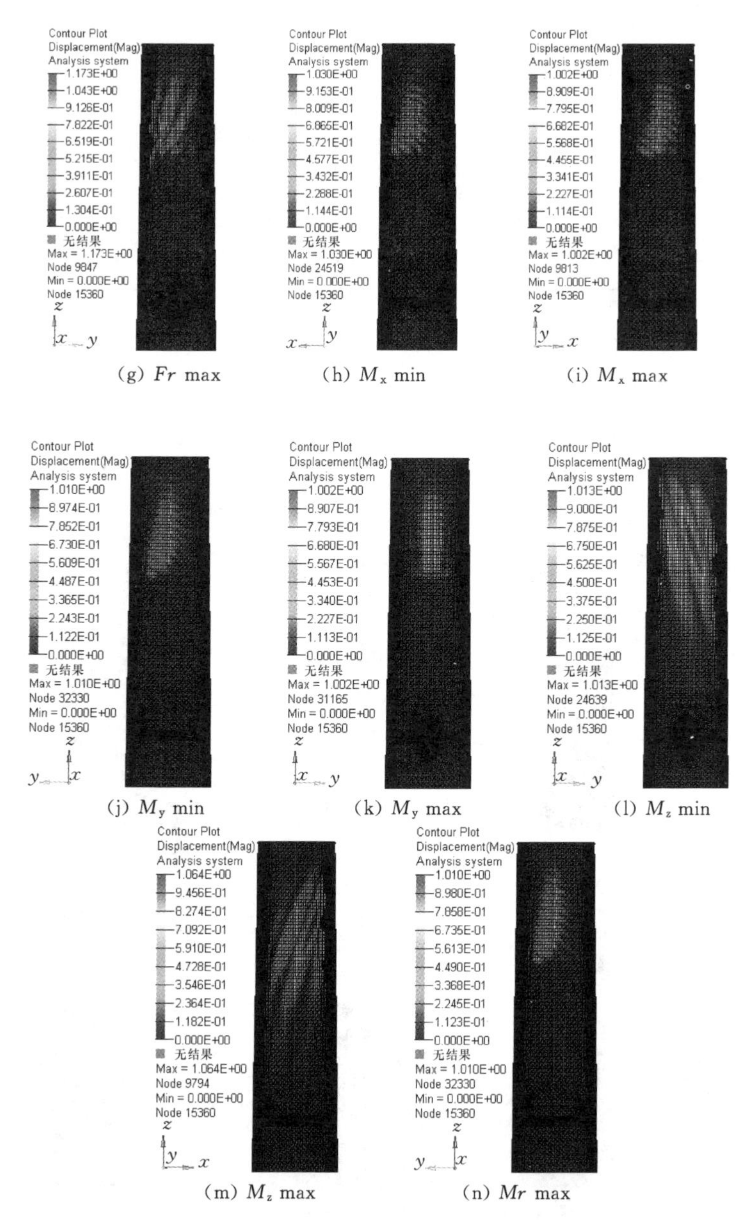

(g) Fr max　(h) M_x min　(i) M_x max

(j) M_y min　(k) M_y max　(l) M_z min

(m) M_z max　(n) Mr max

图 2-3（二）　无门洞屈曲振型

由图 2-3 可知，对于塔筒的无门洞屈曲振型，一阶屈曲振型均出现在塔筒上方并呈褶皱状分布。

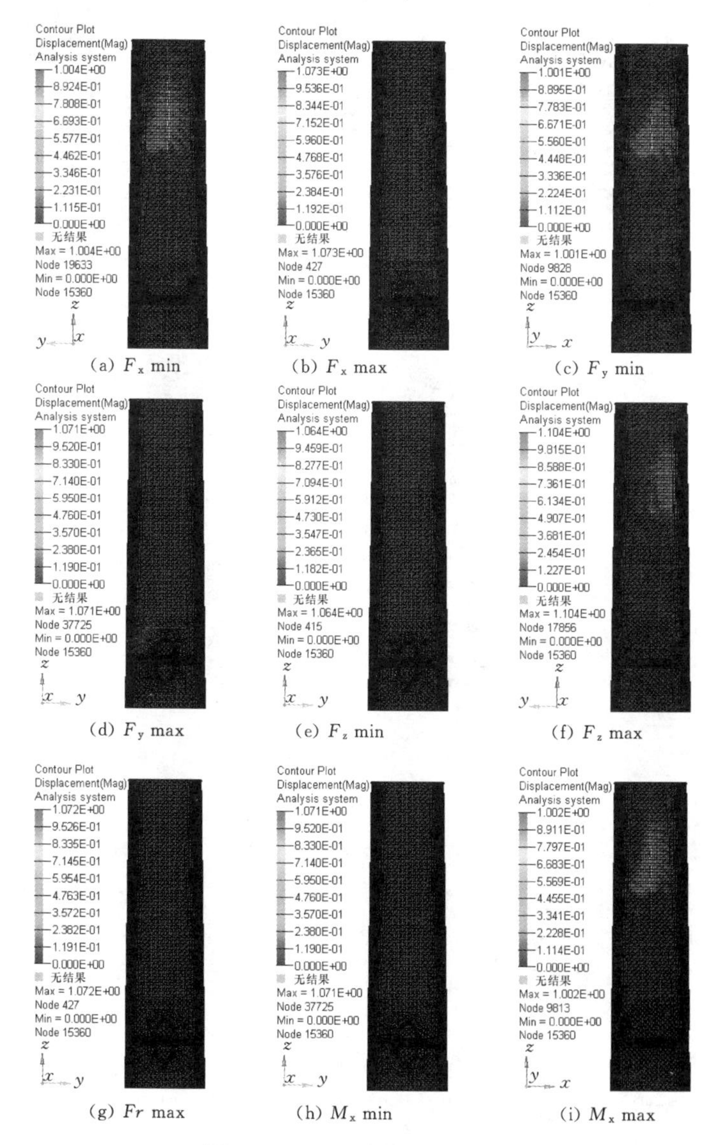

(a) F_x min　(b) F_x max　(c) F_y min

(d) F_y max　(e) F_z min　(f) F_z max

(g) Fr max　(h) M_x min　(i) M_x max

图 2-4（一）　有门洞屈曲振型

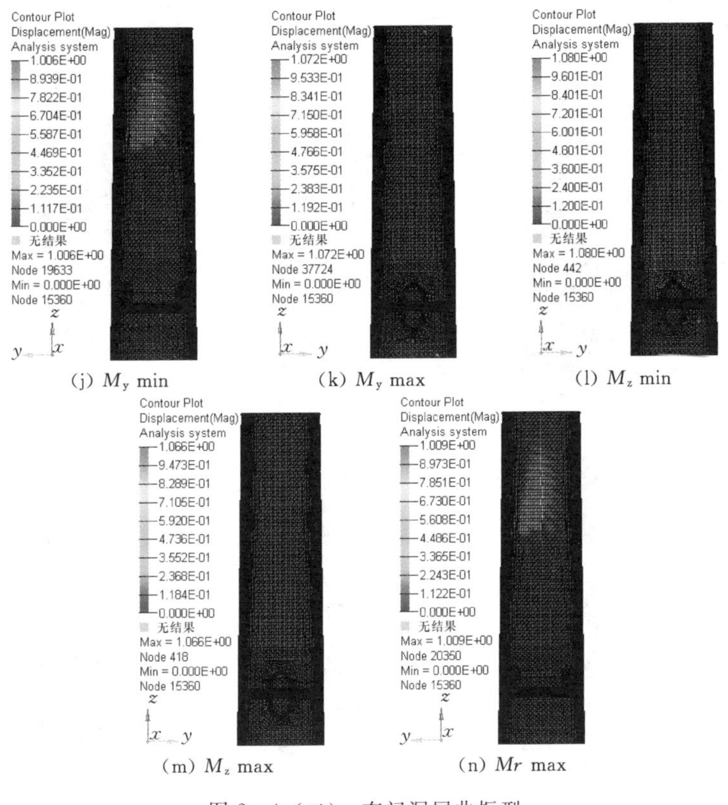

(j) M_y min　(k) M_y max　(l) M_z min

(m) M_z max　(n) Mr max

图 2-4（二）　有门洞屈曲振型

由图 2-4 可知，对于塔筒有门洞的屈曲振型，工况不同则一阶屈曲振型出现的位置不完全在塔筒的同一位置，褶皱部分有的在门洞处，有的位于门洞上方。对于褶皱位于门洞处的工况，另取其局部放大结果如图 2-5 所示。

无门洞、有门洞、有门洞加门框在各工况下最危险的特征值见表 2-13。

由表 2-13 可知，有门洞塔筒比较敏感，且在载荷工况 Fr max 时塔筒最危险。这里有门洞、有门洞且含门框两种结构的一阶屈曲特征值与无门洞结构一阶屈曲特征值比值的最小值作为

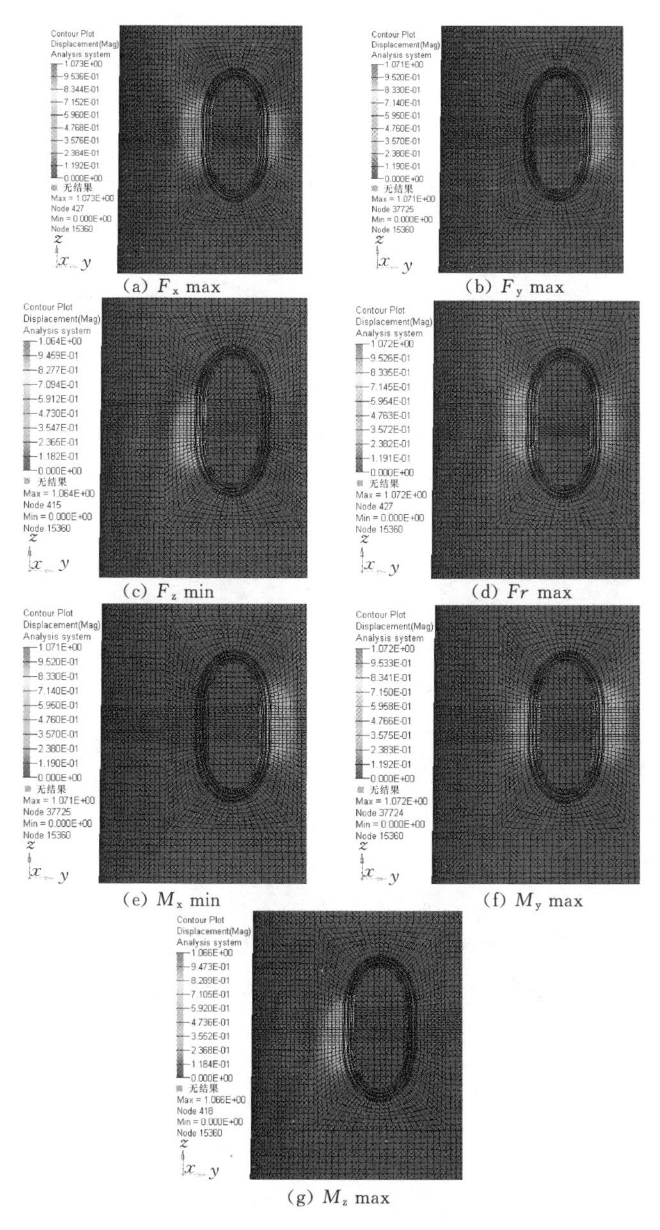

(a) F_x max　(b) F_y max

(c) F_z min　(d) Fr max

(e) M_x min　(f) M_y max

(g) M_z max

图 2-5　针对某些特定工况的局部屈曲振型

表 2-13　　一阶屈曲特征值

载荷工况	无门洞	有门洞	有门洞加门框	有门洞/无门洞	有门洞加门框/无门洞
F_x min	7.286	7.26	7.287	0.9964	1.0001
F_x max	8.054	3.135	8.051	0.3892	0.9996
F_y min	13.61	13.59	13.61	0.9985	1.0000
F_y max	10.88	8.362	10.88	0.7686	1.0000
F_z min	56.5	50.072	56.47	0.8862	0.9995
F_z max	32.81	32.96	32.81	1.0046	1.0000
Fr max	4.45	1.141	4.456	0.2564	1.0013
M_x min	10.9	8.453	10.89	0.7755	0.9991
M_x max	13.7	13.73	13.71	1.0022	1.0007
M_y min	7.191	7.134	7.192	0.9921	1.0001
M_y max	8.023	3.132	8.019	0.3904	0.9995
M_z min	14.77	8.314	14.78	0.5629	1.0007
M_z max	14.04	8.759	14.05	0.6239	1.0007
Mr max	7.189	7.131	7.19	0.9919	1.0001

基于有限元法计算得到的缩减因子。则可计算加了门框后的屈曲缩减因子为0.9991。对比无、有门洞结构对应的一阶屈曲特征值结果，当塔筒含有门洞时，不同工况下的一阶屈曲特征值均有一定程度的下降，在下降比例较大工况处，其一阶屈曲振型发生在塔筒门洞附近，说明塔筒门洞是高度缺陷敏感结构。对比无门洞和有门洞且含门框结构的一阶屈曲特征值结果，两者一阶屈曲特征值结果接近，说明门框结构具有较好的加强作用。

2.8 本章小结

本章重点研究了塔筒薄壁圆筒的屈曲力学行为，采用DIN18800-4标准方法计算得到了各塔筒段应力，并在考虑几何缺陷、材料缺陷、固定支撑方式情况下，计算得到相应的理想屈曲强度、实际屈曲强度和极限屈曲强度，通过工程实例给出了某风电机组塔筒各薄壁段的屈曲分析结果。针对塔筒门洞结构，给出了两种缩减因子计算方法，即 GL 标准和有限元法，通过缩减因子修正了 DIN18800－4 标准结果，从而完成了塔筒门洞的屈曲分析。

需要说明的是，除 DIN18800－4 标准外，EC3 标准也可以用于塔筒薄壁圆筒的屈曲校核，在屈曲强度确定方面，其流程与 DIN18800－4 标准类似。

第 3 章　应力疲劳相关概念

3.1 引　　言

本章将重点介绍应力疲劳基本概念、$S-N$ 曲线、Goodman 修正、雨流计数等基本概念[41]。

3.2 疲劳基本概念

美国试验与材料协会（ASTM）将疲劳定义为在某点或某些点承受扰动应力，且在足够多的循环扰动作用之后形成裂纹或完全断裂的材料中所发生的局部的、永久结构变化的发展过程。

最简单的循环载荷是恒幅应力循环载荷，正弦型恒幅循环应力如图 3－1 所示。显然，描述一个应力循环，至少需要两个量，如循环最大应力 S_{max} 和最小应力 S_{min}。这两者是描述循环之应力水平的基本量。

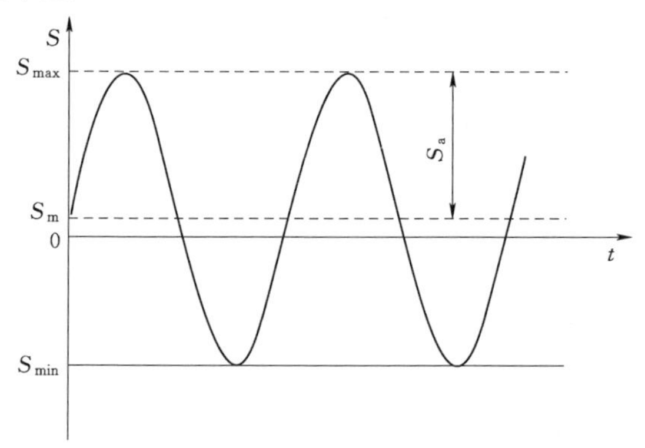

图 3－1　正弦型恒幅循环应力

疲劳分析中，还常常用到下述参量：

(1) 应力变程（全幅）ΔS，定义为

$$\Delta S = S_{max} - S_{min} \tag{3-1}$$

(2) 应力幅（半幅）S_a，定义为

$$S_a = \frac{\Delta S}{2} = \frac{S_{max} - S_{min}}{2} \tag{3-2}$$

(3) 平均应力 S_m，定义为

$$S_m = \frac{\Delta S}{2} = \frac{S_{max} + S_{min}}{2} \tag{3-3}$$

(4) 应力比 R，定义为

$$R = \frac{S_{min}}{S_{max}} \tag{3-4}$$

式中 R——应力比反映了不同的循环特征，例如：当 $S_{max} = -S_{min}$ 时，$R = -1$，是对称循环；当 $S_{min} = 0$ 时，$R = 0$，是脉冲循环；当 $S_{max} = S_{min}$ 时，$R = 1$，$S_a = 0$，是静载荷。

上述参量中，需且只需已知其中两个，即可确定循环应力水平。

3.3 应力疲劳

按照作用的循环应力的大小，疲劳可分为应力疲劳和应变疲劳。若最大循环应力远小于屈服应力，则称为应力疲劳；因为作用的循环应力水平较低，寿命循环次数较高（一般疲劳寿命 $N_f > 10^4$ 次），故也称为高周疲劳。若最大循环应力大于屈服应力，则由于材料屈服后应变变化较大，应力变化相对较小，用应变作为疲劳控制参量更为恰当，故称之为应变疲劳；因为应变疲劳作用的循环应力水平较高，故寿命较低，一般 $N_f < 10^4$。应变疲劳也称为低周疲劳。由于陆上风电机组设计寿命通常不低于20年，海上风电机组设计寿命可达50年，故而本书所涉及的疲劳均为应力疲劳。

3.4 $S-N$ 曲线

材料的疲劳性能用作用应力 S 与到破坏时的寿命 N 之间的关系描述。在疲劳载荷作用下，最简单的载荷谱是恒幅循环应力。描述循环应力水平需要两个量，为了分析的方便，使用应力比 R 和应力幅 S_a。其中，应力比 R 给定了循环特性，应力幅 S_a 是疲劳破坏的控制参量。

当 $R=-1$ 时，对称恒幅循环载荷控制下，实验给出的应力—寿命关系，用 S_a-N 曲线表达，是材料的基本疲劳性能曲线。当 $R=-1$ 时，有 $S_a=S_{max}$，故基本应力—寿命曲线称 $S-N$ 曲线，应力 $S=S_a=S_{max}$。

疲劳破坏有裂纹萌生、稳定扩展和失稳扩展至断裂三个阶段，这里研究的是裂纹萌生寿命。因此，“破坏”包含以下方面：

（1）标准小尺寸试件断裂，对于高中强钢等脆性材料，从裂纹萌生到扩展至小尺寸圆截面试件断裂的时间很短，对整个寿命的影响较小，考虑到裂纹萌生时尺寸小，观察困难，故这样定义合理。

（2）出现可见小裂纹（如 1mm)，或有 5%～15%的应变降。对于延性较好的材料，裂纹萌生后有相当长的一段扩展阶段，不应当计入裂纹萌生寿命。小尺寸裂纹观察困难时，可以监测恒幅循环应力作用下的应变变化，当试件出现裂纹后，刚度改变，应变也随之变化，故可用应变变化量来确定是否萌生了裂纹。

材料疲劳性能试验所用标准试件，一般是小尺寸（3～10mm）光滑圆柱试件。材料的基本 $S-N$ 曲线，给出的是光滑材料在恒幅对称循环应力作用下的裂纹萌生寿命。

用一组标准样件（通常为 7～10 件)，在给定的应力比 R 下，施加不同的应力幅 S_a 进行疲劳试验，记录相应的寿命 N，即可得到 $S-N$ 曲线。

对于涉及塔筒焊缝处的 $S-N$ 曲线则依据 GL2010 认证标准，焊接结构件的 $S-N$ 曲线如图 3-2 所示，图中一条曲线形式符合 Eurocode 3（EC3）标准，在应力循环次数达到 5×10^6 时，曲线斜率发生变化；另一条曲线形式符合国际焊接协会 IIW 标准，在应力循环次数达到 1×10^7 时，曲线的斜率发生变化。焊接结构件的 $S-N$ 曲线，由两段直线组成：一段直线斜率为 m_1；另一段直线斜率为 m_2。其中 $\Delta\sigma_A$ 为应力循环次数为 2×10^6 对应的疲劳强度参考值，也称 DC 值。由于 $S-N$ 曲线没有给出应力循环次数为 1×10^7 对应的疲劳强度，因此需要进行推导。

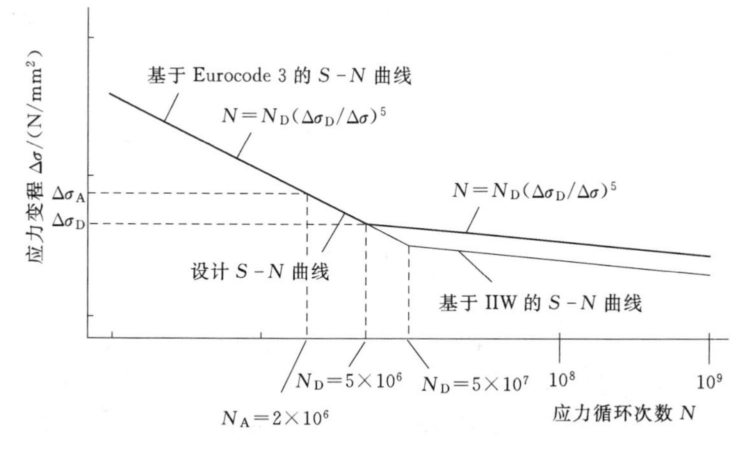

图 3-2 焊接结构件的 $S-N$ 曲线

基于 EC3 标准得到 1×10^7 对应疲劳强度的计算为

$$S_N=\left(\frac{2\times10^6}{5\times10^6}\right)^{\frac{1}{m1}}\times\left(\frac{5\times10^6}{1\times10^7}\right)^{\frac{1}{m2}}\times DC=0.6414\times DC \tag{3-5}$$

基于 IIW 标准得到 1×10^7 对应疲劳强度的计算为

$$S_N=\left(\frac{2\times10^6}{1\times10^7}\right)^{\frac{1}{m1}}\times DC=0.5848\times DC \tag{3-6}$$

式中 m_1，m_2——分别代表指数斜率值，这里取 $m_1=3$，

$m_2 = 5$。

根据式（3-5）和式（3-6），由 DC 值推算出得 S_N 值结果见表 3-1。

表 3-1　　由 $S-N$ 曲线计算得到的疲劳强度　　单位：MPa

DC	EC 3	IIW
70	44.90	40.94
80	51.31	46.78
90	57.73	52.63
100	64.14	58.48
112	71.84	65.50

由表 3-1 可知，相同 DC 值下，EC3 疲劳强度值大于 IIW 疲劳强度值，这种情况下，结构设计偏于保守，本书中采用 EC3 标准作为焊缝 $S-N$ 曲线型式。

3.5　平均应力的影响

反映材料疲劳性能的 $S-N$ 曲线，是在给定应力比 R 下得到的，$R=-1$，对称循环时的 $S-N$ 曲线，是基本 $S-N$ 曲线。

循环载荷中的拉伸部分增大，这对于疲劳裂纹的萌生和扩展都是不利的，使得疲劳寿命降低。平均应力对 $S-N$ 曲线的一般趋势为，当平均应力 $S_m=0(R=-1)$ 时的 $S-N$ 曲线，是基本 $S-N$ 曲线；当 $S_m>0$，即拉伸平均应力作用时，$S-N$ 曲线下降，或者说在同样疲劳寿命下的疲劳强度降低，对疲劳有不利的影响；当 $S_m<0$，即压缩平均应力作用时，$S-N$ 曲线上移，表示同样压力幅作用下的寿命增大，或者说在同样寿命下的疲劳强度提高，压缩平均应力对疲劳的影响是有利的。因此，在实践应用中喷丸、冷挤压和预应变等方法，在高应力细节处引入残余压应力，是提高疲劳寿命的有效措施。

在给定寿命 N 下，循环应力幅值 S_a 和平均应力 S_m 关系可

表达为

$$\frac{S_a}{S_{-1}}+\left(\frac{S_m}{S_u}\right)^2=1 \tag{3-7}$$

或

$$\frac{S_a}{S_{-1}}+\frac{S_m}{S_u}=1 \tag{3-8}$$

式（3-7）和式（3-8）分别称为 Gerber 和 Goodman 修正。通常情况下，Goodman 修正偏于保守，在工程实际中常用。

3.6 Miner 线性积累损伤理论

若构件在某恒幅应力 S 作用下，循环至破坏的寿命为 N，则可定义其在经受 n 次循环时的损伤为

$$D=\frac{n}{N} \tag{3-9}$$

显然，在恒幅应力水平 S 作用下，若 $n=0$，则 $D=0$，构件未受疲劳损伤；若 $n=N$，则 $D=1$，构件发生疲劳损伤。

构件在应力水平 S_i 作用下，经受 n_i 次循环的损伤为 $D_i=n_i/N_i$。若在 k 个应力水平 S_i 作用下，各经受 n_i 次循环，则可定义其总损伤为

$$D=\sum_{1}^{k} D_i=\frac{\sum n_i}{D_i} \tag{3-10}$$

破坏准则为

$$D=\frac{\sum n_i}{N_i}=1 \tag{3-11}$$

这就是最简单、最著名、使用最广泛的 Miner 线性累积损伤理论。其中，n_i 是在 S_i 作用下的循环次数，由载荷谱给出；N_i 是在 S_i 作用下循环到破坏的寿命，由 $S-N$ 曲线确定。

如前所述，总损伤 $D=1$ 是 Miner 线性累积损伤的经验破坏准则。考虑谱序影响，实际上可为

$$D=\sum\frac{n_i}{N_i}=Q \tag{3-12}$$

Q 与载荷谱型、作用次序及材料的分散性有关。

实际上，对某具体构件，Q 的取值可以借鉴过去的、类似构件的使用经验或试验数据而确定。这样估计的 Q 值，可以反映实际载荷次序等的影响。

若由过去的使用经验或试验，已知某构件在其使用载荷谱下的寿命；在要预测另一类似构件在相似谱作用下的疲劳寿命时，只需将 Miner 累积损伤公式作为一种传递函数，而不必假定其损伤和为 1。这就是相对 Miner 理论，是 Walter Schutz 于 1921 年提出的。

相对 Miner 理论的实质是：取消损伤和 $D=1$ 的假定，由实验或过去的经验确定 Q，并由此估算寿命。其使用条件：一是构件相似，主要是疲劳破坏发生的高应力区几何相似；二是载荷谱相似，主要是载荷谱型（次序）相似，载荷大小可以不同。对于许多改进设计，借鉴过去的原型，这两点常常是可以满足的。

对比 GL 标准的 2003 版和 2010 版，对于某些零部件，要求的累积损伤限值由 1 修改为 0.5，在实际设计中，甚至降低到1/3，这正是相对 Miner 法则的应用。

3.7　随机谱与循环计数法

恒幅载荷作用下的疲劳寿命估算，可直接利用 $S-N$ 曲线。变幅载荷谱下的寿命预测，如前所述，借助于 Miner 理论也可以解决。现在进一步研究随机载荷的处理。如果能够将随机载荷谱等效转换为变幅或恒幅载荷谱，则可利用以前的方法分析疲劳问题。

3.7.1　随机载荷谱及若干定义

随机载荷谱如图 3-3 所示。它给出了载荷随时间任意变化的情况，也称为载荷—时间历程。这种载荷谱，一般都是通过典型工况实测得到的。在讨论用计数法将随机荷谱转换为变幅载荷谱之前，可按照“疲劳分析循环计数标准方法”（ASTM E1049－85），分析随机荷谱包括以下内容：

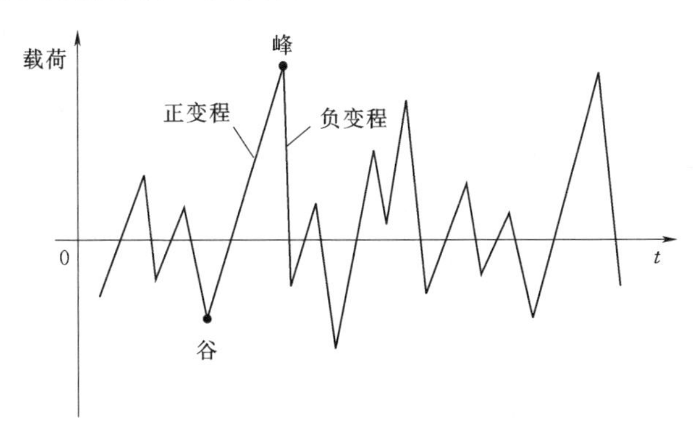

图 3－3 随机载荷谱

（1）载荷，表示力、应力、应变、位移、扭矩、加速度或其他有关的参数等。

（2）反向点，载荷—时间历程线斜率改变符号之处。斜率由正变负之点，称为“峰”；斜率由负变正之点，称为“谷”；峰和谷均为反向点。恒幅循环中，一个循环有 2 次反向。

（3）变程，相邻峰、谷载荷值之差。从谷到后续峰值载荷间的变程，斜率为正，称为正变程；从峰到后续谷值载荷间的变程，斜率为负，称为负变程。

3.7.2 简化雨流计数法

将不规则、随机的载荷—时间历程，转化为一系列循环的方法，称为循环计数法（cycle counting method）。计数法有很多种，本节只讨论简单、适用且变幅循环载荷下的应力-应变响应一致的简化雨流计数法（rain－flow counting）。

简化雨流计数法，适用于以典型载荷谱段为基础的重复历程。既然载荷是某典型段的重复，则取最大峰或谷处的起止段作为典型段，将不失其一般性，雨流计数典型段的选取如图 3－4 所示。

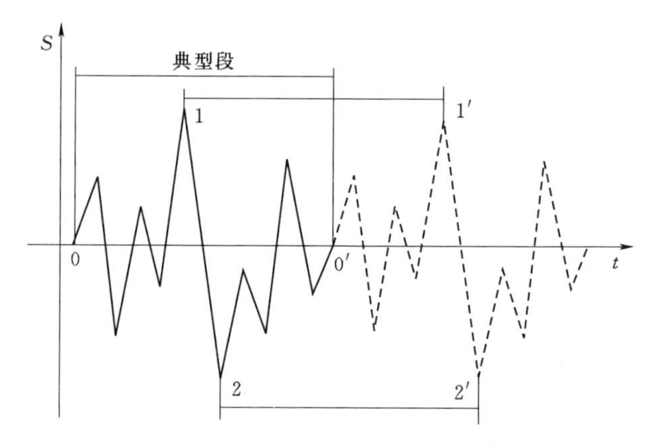

图 3-4　雨流计数典型段的选取

简化雨流计数过程如图 3-5 所示，具体包括以下内容：

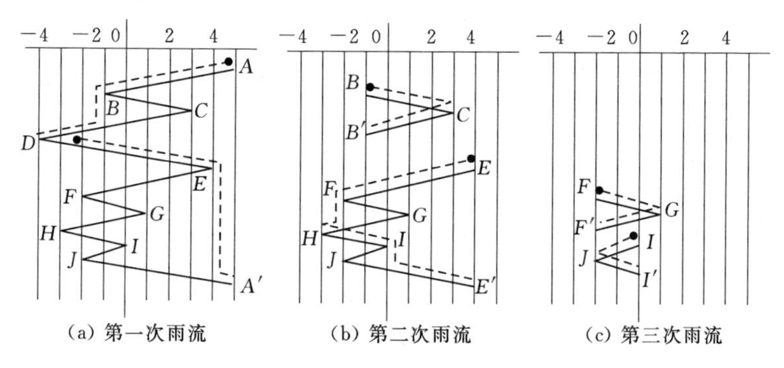

图 3-5　简化雨流计数过程

（1）由随机载荷谱中选取适合雨流计数的、最大峰或谷起止的典型段，作为计数典型段。如图 3-4 中之 1-1′（最大峰起止）或 2-2′（最大谷起止）。

（2）将谱历程曲线旋转 90°放置。将载荷历程看做多层屋顶，假想有雨滴沿最大峰或谷处开始往下流。若无屋顶阻挡，则雨滴反向，继续流至端点。图 3-5（a）中雨滴从 A 处开始，沿 AB 流动，至 B 点后落至 CD 屋面，继续留至 D 处；因再无屋顶阻挡，雨滴反向沿 DE 流动到 E 处，下落至屋面 JA'，至 A'

处流动结束。图 3-5（a）中的雨流路径为 $ABDEA'$。

（3）记下雨滴留下的最大峰、谷值，作为一个循环。图 3-5(a) 中第一次流经的路径，给出的循环为 ADA'。循环的参量（载荷变程和平均载荷），可由图 3-5（a）知，如 ADA'循环的载荷变程 $\Delta S=5-(-4)=9$、平均载荷 $S_m=(5-4)/2=0.5$。

（4）从载荷历程中删除雨滴流过的部分，对各剩余历程段，重复上述雨流计数。直至再无剩余历程为止。图 3-5（b）中，第二次雨流得到 BCB'和 EHE'循环；图 3-5（c）中，第三次雨流得到 FGF'和 IJI'循环；计数完毕。

上述雨流计数的结果列入表 3-2，表中给出了循环及循环参数。载荷如果是应力，则表中所给出的变程是 ΔS，应力幅值为 $S_a=\Delta S/2$，平均应力 S_m 即表中的均值。所以雨流计数是二参数计数。有了上述两个参数，循环就完全确定了。与其他计数法相比，简化雨流计数法的另一优点是，计算的结果均为全循环。

典型段计数后，其后的重复，只需考虑重复次数即可。

表 3-2　　雨流计数结果

循　环	变　程	均　值
ADA'	9	0.5
BCB'	4	1.0
EHE'	7	0.5
FGF'	3	−0.5
IJI'	2	−1.0

3.8　本章小结

本章仅仅介绍了风电机组塔筒结构疲劳校核中所涉及的基本概念，有关疲劳与断裂理论，读者可参考《疲劳与断裂》一书[41]。

第 4 章 塔筒焊缝极限强度和疲劳强度

4.1 引 言

将在第 2 章的基础上，计算得到塔筒截面任意位置处的应力，得到焊缝极限工况下的应力。重点介绍了焊缝材料 $S-N$ 曲线等，等效疲劳和时序疲劳两种计算方法。通过工程实际应用，对比了等效疲劳和时序疲劳计算方法的适用性，并给出了适用范围[42-43]。

4.2 塔筒截面任意位置应力

图 4-1 所示的塔筒截面坐标系，其中 β 用于标识塔筒截面任意位置与 x 轴夹角。

截面弯矩引起的正应力数学表达式为

$$\sigma_{\mathrm{M}}=\sigma_{\mathrm{M_x}}+\sigma_{\mathrm{M_y}}=\frac{M_{\mathrm{x}}\sin\beta}{\pi r^2 t\cos\theta}-\frac{M_{\mathrm{y}}\cos\beta}{\pi r^2 t\cos\theta} \tag{4-1}$$

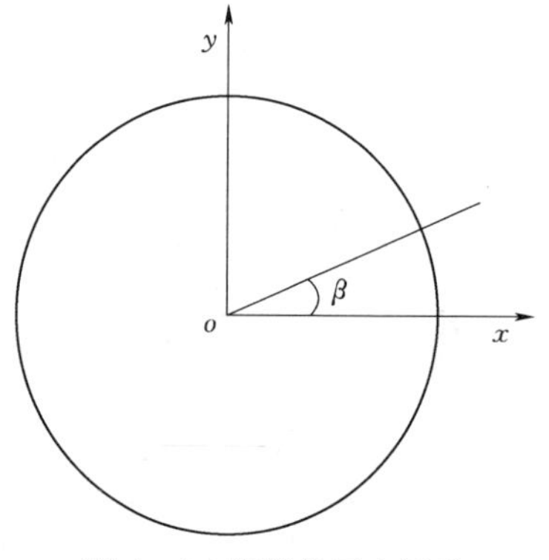

图 4-1 塔筒截面坐标系

塔筒轴向载荷引起的正应力数学表达式为

$$\sigma_{\mathrm{N}}=\frac{F_{\mathrm{z}}}{2\pi rt\cos\theta} \tag{4-2}$$

式中 F_{z}——截面轴向载荷。

故而塔筒截面正应力由 M_{x}、M_{y} 和 F_{z} 三部分引起，根据式（4-2）和式（4-3）可得合成正应力表达式为

$$\sigma=\frac{M_x\sin\beta}{\pi r^2 t\cos\theta}-\frac{M_y\cos\beta}{\pi r^2 t\cos\theta}+\frac{F_z}{2\pi rt\cos\theta} \tag{4-3}$$

截面正应力绝对值最大的数学表达式为

$$\sigma_{max}=\frac{\sqrt{M_x^2+M_y^2}}{\pi r^2 t\cos\theta}+\frac{|P|}{2\pi rt\cos\theta} \tag{4-4}$$

同理，根据 DIN18800－4 标准，可得截面剪应力绝对值最大的数学表达式为

$$\tau_{max}=\frac{\sqrt{F_x^2+F_y^2}}{\pi rt}+\frac{|M_z|}{2\pi r^2 t} \tag{4-5}$$

尽管正应力最大值与剪应力最大值发生位置并不一致，为简单起见，可直接将两者进行合成叠加，根据材料力学第四强度理论，等效应力最大值表达式为

$$\sigma_{Von\_Mises}=\sqrt{\sigma_{max}^2+3\tau_{max}^2} \tag{4-6}$$

4.3 塔筒焊缝极限强度分析

塔筒截面焊缝极限工况分析结果见表 4－1。

表 4－1　塔筒截面焊缝极限工况分析结果

工况	弯矩正应力/MPa	轴力正应力/MPa	扭矩剪应力/MPa	剪力剪应力/MPa	等效应力/MPa	安全系数
F_x min	135.4	−7.7	−3.4	3.6	143.6	1.97
F_x max	128.3	−7.9	−0.9	4.1	136.4	2.07
F_y min	43.0	−6.5	0.5	2.8	49.8	5.68
F_y max	40.0	−6.5	0.3	3.3	46.9	6.02
F_z min	3.4	−9.1	1.1	0.6	12.8	22.09
F_z max	30.8	−5.9	0.4	1.5	36.8	7.68
Fr max	129.3	−7.9	−0.2	4.1	137.4	2.06
M_x min	90.3	−7.7	−2.0	2.8	98.3	2.87
M_x max	73.8	−6.2	−0.7	2.5	80.2	3.52

续表

工况	弯矩正应力/MPa	轴力正应力/MPa	扭矩剪应力/MPa	剪力剪应力/MPa	等效应力/MPa	安全系数
M_y min	136.4	−7.7	−3.2	3.5	144.6	1.95
M_y max	128.5	−7.9	−0.1	4.1	136.6	2.07
M_z min	39.6	−7.8	−7.4	1.8	50.1	5.64
M_z max	51.6	−6.5	5.9	1.7	59.6	4.74
Mr max	136.5	−7.7	−3.1	3.5	144.7	1.95

由表 4-1 可知，在大多数极限工况内，弯矩正应力值远大于其他应力分量值，说明较大的弯矩值是引起工况危险的主要原因。工况 Mr max 为最危险工况，等效应力值为 144.7MPa 且安全系数为 1.95，结构设计满足极限强度要求。

4.4 塔筒焊缝疲劳强度分析

由 4.3 节分析结果可知，塔筒截面焊缝极限强度具有一定的冗余度。由于风电零部件设计通常需满足 20 年抗疲劳设计要求，故而除极限强度校核外，仍需对塔筒截面焊缝进行疲劳强度校核。

根据 GL2010 标准，风电机组疲劳载荷计算结果包括时序疲劳载荷和等效疲劳载荷（damage equivalent loads，DEL）两种。根据疲劳载荷的分类，有等效疲劳强度分析和时序疲劳强度分析两种不同方法。

对于等效疲劳强度分析方法而言，首先对时序疲劳载荷进行雨流计数，然后计算等效疲劳载荷（幅值），从而计算得到等效疲劳应力（幅值）与等效疲劳损伤。而对于时序疲劳强度分析，需首先计算截面某角度对应的时序疲劳应力，然后对时序疲劳应力进行雨流计数和累计损伤计算。上述两种方法对应的流程如图 4-2 所示。

由上节极限强度分析结果可知，截面剪应力在合成应力中所

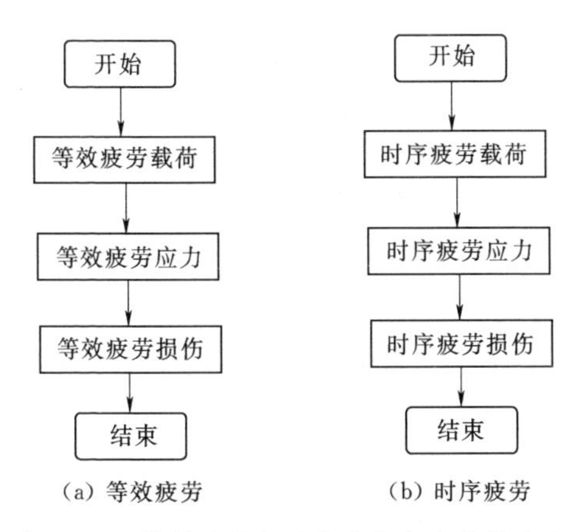

图 4-2 等效疲劳与时序疲劳方法流程对比

占比例较小，在焊缝疲劳分析中，若考虑剪应力将涉及疲劳多轴性问题，为简化起见，以下疲劳分析仅考虑正应力作用。

4.5 等效疲劳强度分析

等效疲劳载荷（幅值）L_e 的计算为

$$L_e=\left(\frac{\sum L_i^m N_i}{N_C}\right)^{1/m} \tag{4-7}$$

式中 L_i——时序疲劳载荷雨流计数得到的载荷幅值；

N_i——对应的循环次数；

m——等效疲劳载荷指数斜率。

由于风电结构零部件疲劳寿命对应循环次数为 1×10^7，这里 $N_C=1\times10^7$。根据式（4-7），可得到表 4-2 中不同斜率指数下的等效疲劳载荷结果。

在 $S-N$ 曲线中，次数 1×10^7 处对应的指数斜率值 $m_2=5$，为保持一致性，这里取表 3-2 中 $m=5$ 对应的等效疲劳载荷值，将该值代入应力计算公式中，即可得到等效疲劳应力结果。由于等效疲劳载荷为雨流计数结果，需根据式（4-5）对等效疲劳

表 4-2　　不同斜率指数下的等效疲劳载荷结果

斜率指数 m	F_z/kN	M_x/(kN·m)	M_y/(kN·m)
3	2491.7	9851.6	16529.0
4	3219.6	9111.0	15659.0
5	4141.8	9329.5	15810.0
6	5111.6	9888.1	16241.0

应力公式略做修改，例如当仅 M_x 载荷作用时，等效疲劳应力表达式为

$$\sigma_e=\left|\frac{M_x\sin\beta}{\pi r^2 t\cos\theta}\right| \tag{4-8}$$

针对多种载荷联合作用的情况，等效疲劳应力数学表达式为

$$\sigma_e=\left|\frac{M_x\sin\beta}{\pi r^2 t\cos\theta}\right|+\left|\frac{M_y\cos\beta}{\pi r^2 t\cos\theta}\right|+\left|\frac{P}{2\pi rt\cos\theta}\right| \tag{4-9}$$

假设结构在等效疲劳应力作用下，可经历的循环次数为 N_e，则有

$$\sigma_e^m N_e=\sigma_C^m N_C=const \tag{4-10}$$

根据损伤定义得到等效疲劳损伤表达式为

$$D_e=\frac{N_e}{N_C}=\left(\frac{\sigma_e}{\sigma_C}\right)^m \tag{4-11}$$

根据上述推导可知，式（4-11）是等效疲劳损伤成立的前提。

4.6 实际工程应用

4.6.1 软件设置

这里仅对某截面焊缝进行强度校核，重点在于考察等效疲劳和时序疲劳载荷下结果的异同点。

这里采用的软件工具为 Matlab 和 Ncode，即通过 Matlab 计算得到焊缝处的时序应力，采用 Ncode 进行疲劳分析。其中，$S-N$ 曲线参数设置、雨流计数以及疲劳损伤计算均在 Ncode 中设置。相应的 Ncode 软件界面设置如图 4-3 所示。

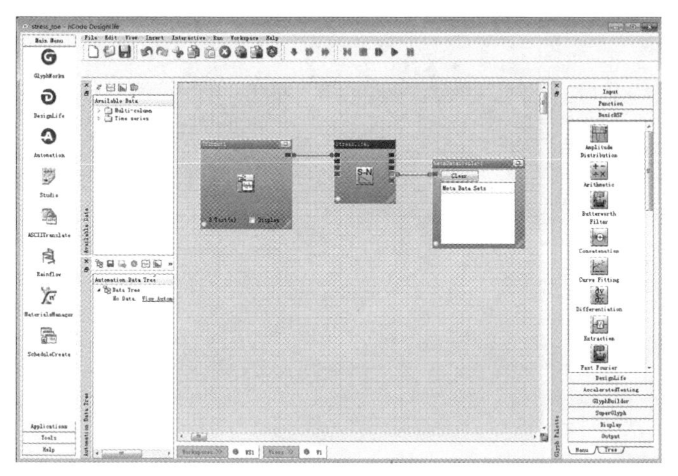

(a) 整体界面

(b) 应力疲劳属性定义

图 4-3　Ncode 软件界面设置

4.6.2　时序载荷

采用 Focus 软件得到 70 个工况的疲劳载荷以及频次。某疲劳载荷工况下的时序载荷如图 4-4 所示，该工况对应的次数为 43953 次，其余疲劳载荷工况不再列出。

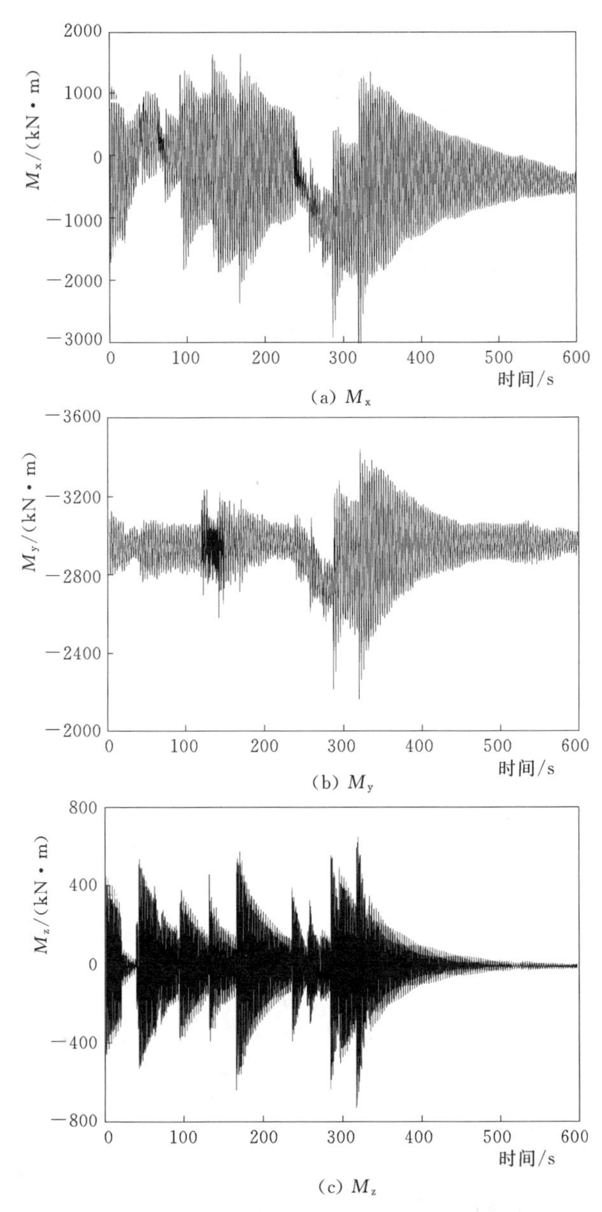

图 4-4（一） 某疲劳载荷工况下的时序载荷

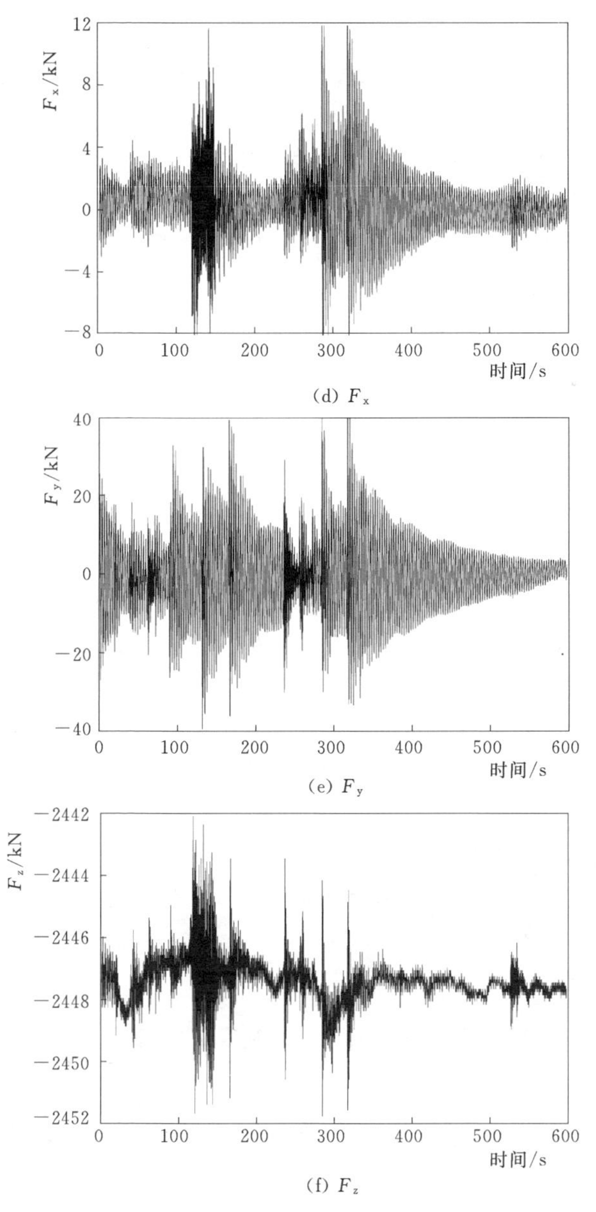

图 4-4（二） 某疲劳载荷工况下的时序载荷

4.6.3 分析结果

这里针对某塔筒焊缝开始疲劳强度分析计算。重点说明等效疲劳分析和时序疲劳分析结果的异同点，并得出适用范围等结论。

1. 仅考虑单载荷作用的疲劳强度分析结果对比

不失一般性，这里仅考虑弯矩 M_x 作用下，两种不同疲劳损伤计算结果进行对比。由于应力幅值具有截面对称性，这里从 0°～90°每隔 30°，计算得到表 4-3 中的疲劳损伤结果。

表 4-3　M_x 作用下的等效疲劳与时序疲劳损伤结果对比

角度/(°)	等效疲劳	时序疲劳	相对误差/%
0	0	0	0
30	0.0002172	0.0002170	0.092
60	0.003386	0.003370	0.475
90	0.006951	0.006908	0.622

显而易见，当弯矩 M_x 作用时，应力绝对值最大点发生在 $\beta=\pi/2$ 或 $3\pi/2$ 处。由表 4-3 可知，等效疲劳损伤与时序疲劳损伤值接近。这是由于弯矩引起的正应力值与弯矩值呈正比，等效疲劳损伤与时序疲劳损伤计算的区别仅是由于雨流计数对象不同而已，两者之间的差别除却数值舍入误差外，还包括个别工况下的应力幅值 $S-N$ 曲线上 1×10^7 次数对应的应力幅值所致，由于这部分应力幅值所占比例较小，故而等效疲劳与时序疲劳损伤结果接近，这一点在两者之间的相对误差中也有所体现。

同理可得到表 4-4 中 M_y 作用下等效疲劳损伤与时序疲劳损伤对比。

表 4-4　M_y 作用下的等效疲劳与时序疲劳损伤结果对比

角度/(°)	等效疲劳	时序疲劳	相对误差/%
0	0.097156	0.095884	1.327
30	0.047328	0.046957	0.790
60	0.003036	0.003013	0.763
90	0	0	0

将上述结果绘制于图形中，得到如图 4－5 所示的等效疲劳损伤与时序疲劳损伤截面分布雷达图。

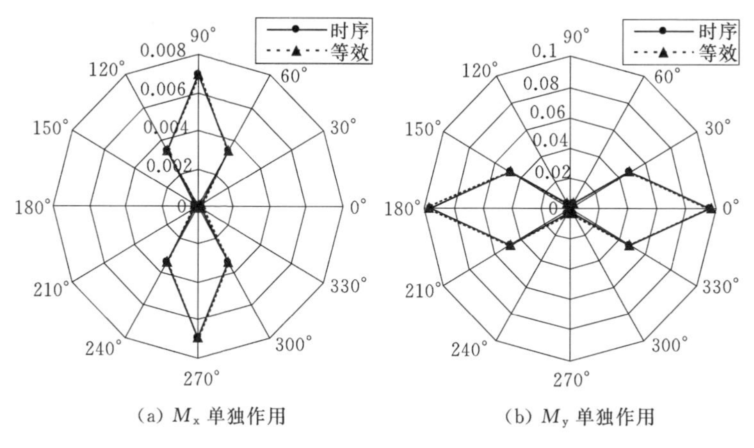

(a) M_x 单独作用　　(b) M_y 单独作用

图 4－5　等效疲劳损伤与时序疲劳损伤对比

由图 4－5 可知，M_y 单独作用下的等效与时序疲劳损伤值规律与 M_x 单独作用下一致，即两种疲劳分析方法具有等价性。

2. M_x 和 M_y 联合作用的疲劳强度分析结果对比

这里以截面角度 30°和 150°为例，得到表 4－5 所示的 M_x 和 M_y 联合作用下疲劳强度分析结果对比。

表 4－5　M_x 和 M_y 联合作用下的等效疲劳与时序疲劳损伤结果对比

角度/(°)	等效疲劳	时序疲劳
30	0.205	0.0541
150	0.205	0.0698

由表 4－5 可知，30°和 150°两个不同位置的时序疲劳损伤值不同，这是由于两个不同位置处的时序应力幅值完全不同。而等效疲劳损伤计算方法无法辨别不同角度下的损伤结果。这是由于在等效疲劳损伤计算流程中，时序载荷被用于雨流计数，等效载荷（幅值或变程）具有恒大于零的特性，从而在等效疲劳应力计算中，无法辨别角度引起的正负性。在时序疲劳应力计算中，能

充分考虑到时序应力的符号性和随截面角度不同而不同的特点，故而能得到正确的疲劳损伤结果。

3. M_x、M_y 和 F_z 联合作用的疲劳强度分析结果

基于上述分析结论，在考虑 M_x，M_y 和 F_z 联合作用时，采用时序疲劳损伤计算方法，每隔 30°，得到如图 4-6 所示的随角度变化的疲劳损伤分布。

由图 4-6 可知，最大损伤出现在±30°之间的区域，近似在 0°附近。为进一步得到较精确的结果，可细分 0°附近区域进行重新计算，得到如图 4-7 所示的疲劳损伤分布。

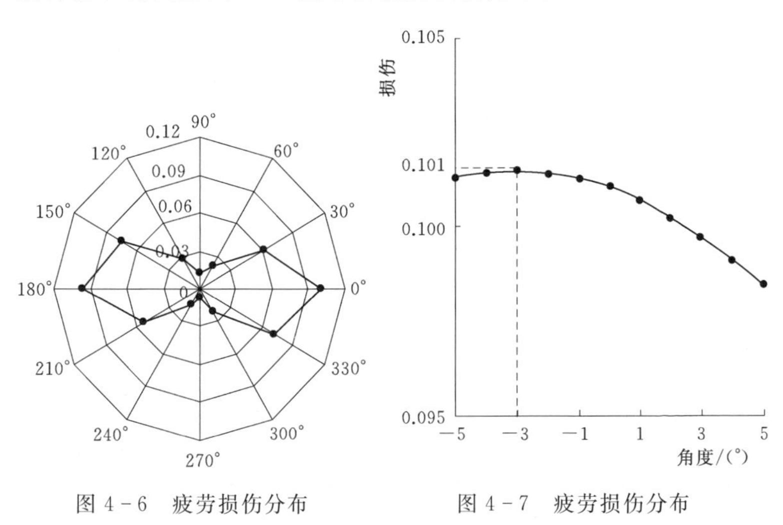

图 4-6 疲劳损伤分布

图 4-7 疲劳损伤分布

由图 4-7 可知，疲劳累积损伤在 0°附近呈不对称分布，最大损伤点约发生在－3°处，其累计损伤值为 0.101。根据 Miner 法则可知，满足疲劳强度设计要求。

4.7 塔筒顶部法兰焊缝强度

4.7.1 极限强度

自然风作用于风轮并通过机舱底座、偏航轴承将载荷作用于

塔筒顶部，法兰还受到螺栓预紧力作用。在塔筒顶部焊缝强度分析中，需要包括塔筒段、法兰、螺栓与垫片、偏航轴承、机舱底座部分。由于结构不满足材料力学假设，故宜采用数值类方法如有限元法分析其强度。为保证结构分析的精度，采用六面体单元离散局部塔筒、法兰、螺栓、垫片等。其中：机舱底座采用四面体单元离散。通过建立预紧力单元模拟螺栓预紧力作用；采用单向受力的非线性弹簧模拟轴承，依据轴承刚度赋予弹簧单元非线性刚度值；上下法兰、垫片与法兰间均定义有接触边界条件；建立网状刚性元连接局部机舱底座假体，在刚性元中心处施加 3 个方向的力和 3 个方向的矩，全约束局部塔筒底部；顶部塔筒壁厚为 20mm，法兰采用 M30 螺栓连接，螺栓预紧力大小为 353kN。最终，得到如图 4－8 所示的塔筒顶部有限元模型，其中共包含 298676 个结点，416222 个单元[42]。

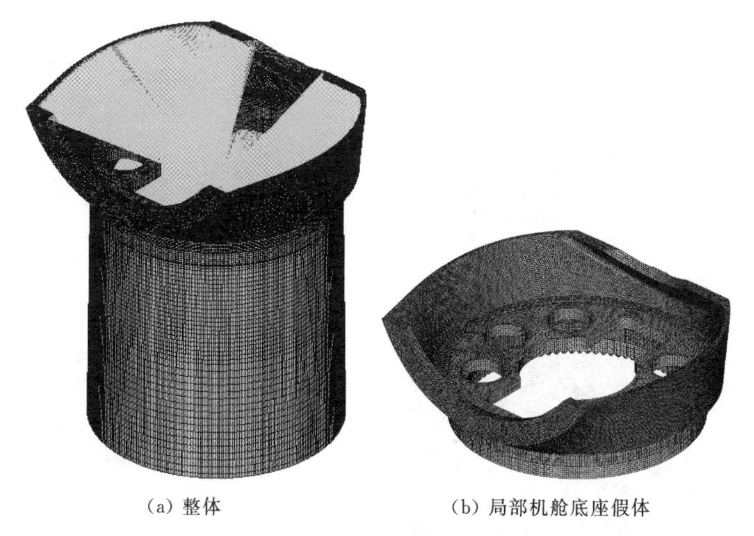

(a) 整体　　　　(b) 局部机舱底座假体

图 4－8　塔筒顶部有限元模型

14 种极限工况载荷见表 4－6，其等效应力分布如图 4－9 所示。

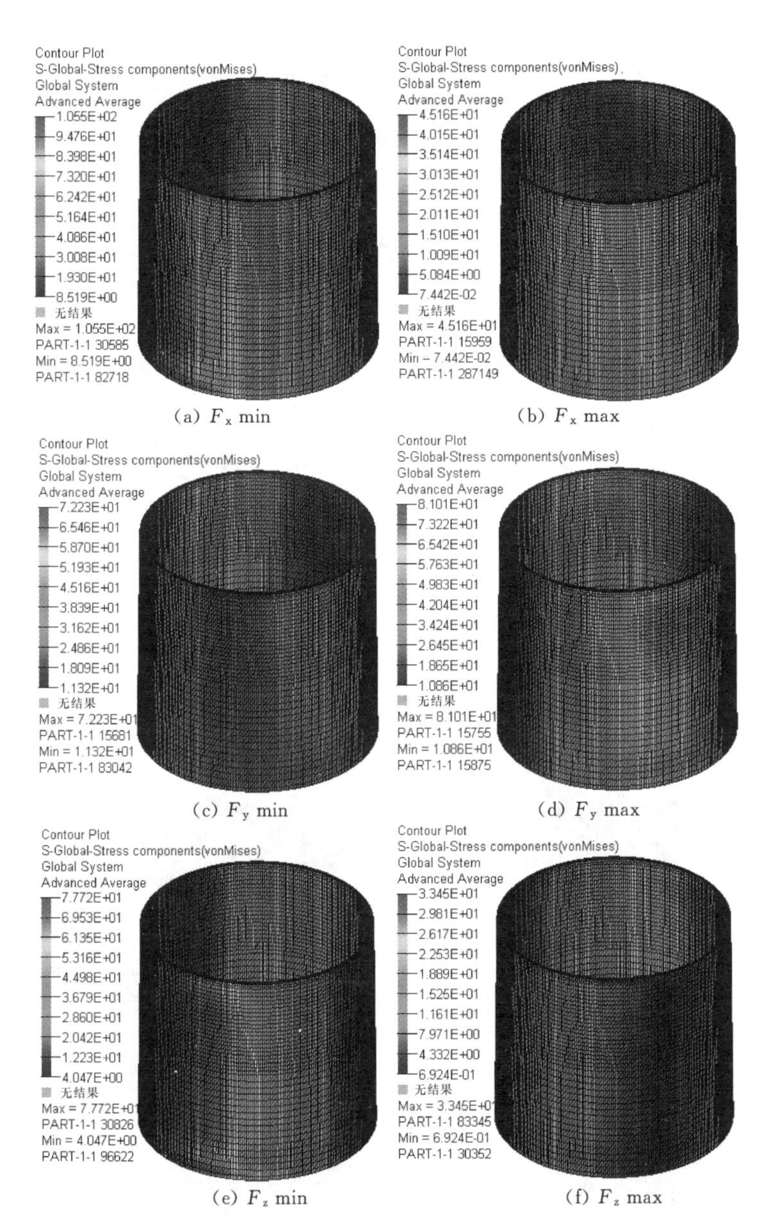

(a) F_x min (b) F_x max

(c) F_y min (d) F_y max

(e) F_z min (f) F_z max

图 4-9（一） 各极限工况下的等效应力分布（单位：MPa）

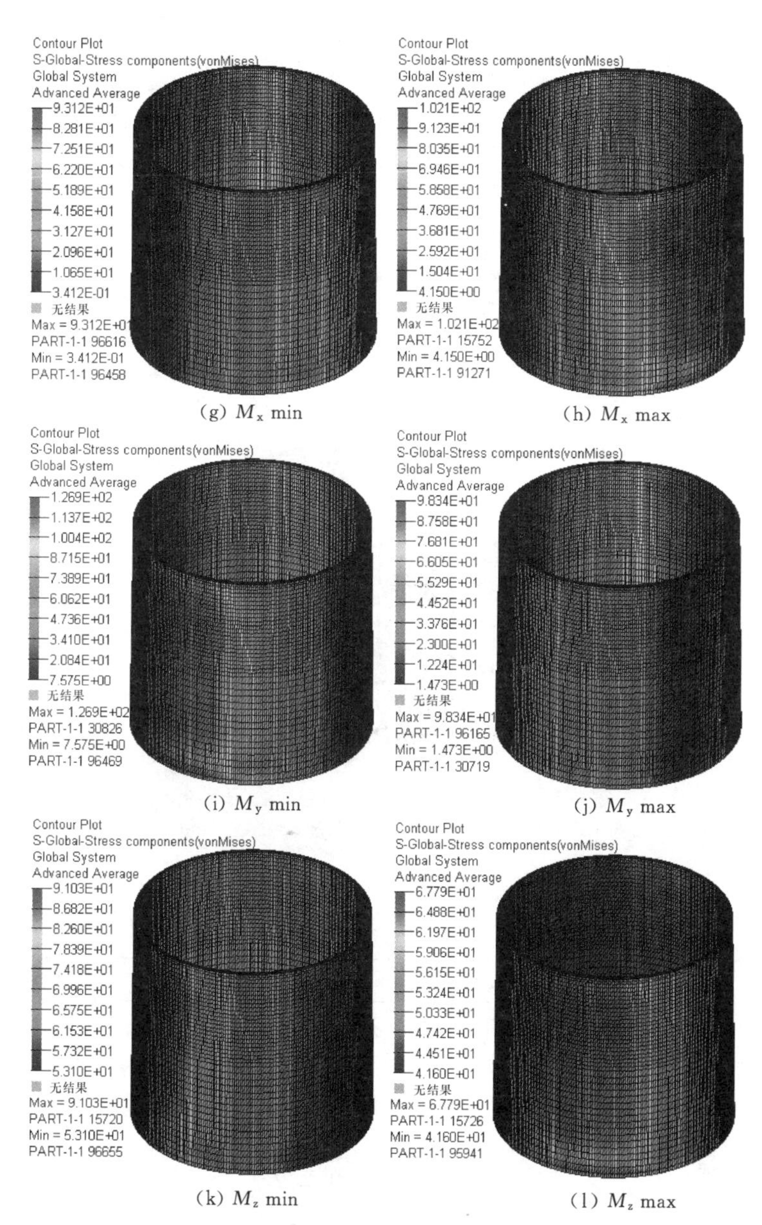

(g) M_x min　(h) M_x max

(i) M_y min　(j) M_y max

(k) M_z min　(l) M_z max

图 4-9（二）　各极限工况下的等效应力分布（单位：MPa）

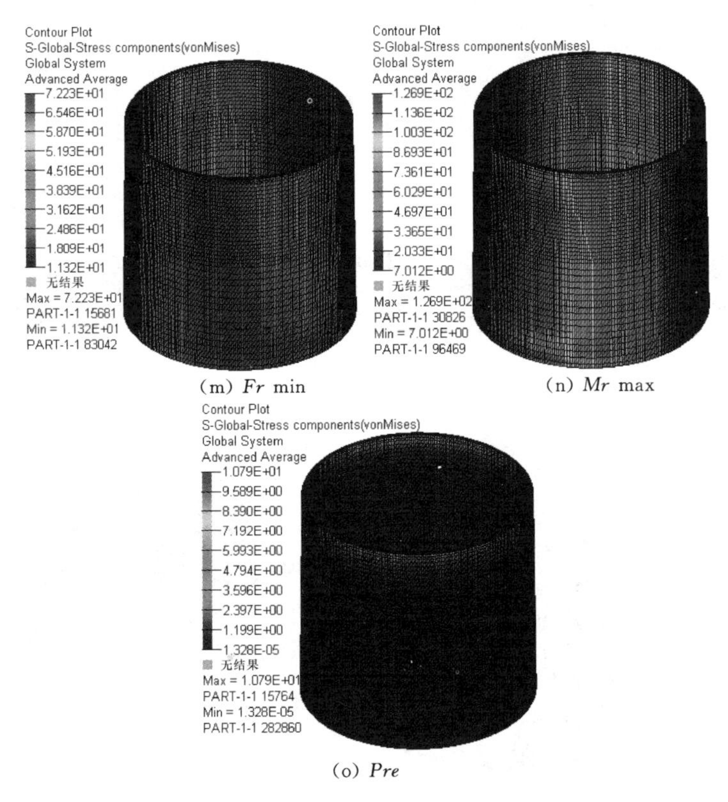

(m) *Fr* min　　(n) *Mr* max

(o) *Pre*

图 4-9（三） 各极限工况下的等效应力分布（单位：MPa）

表 4-6　　塔筒顶部法兰焊缝分析极限工况载荷表

力单位：N，力矩单位：N·m

工况	F_x	F_y	F_z	M_x	M_y	M_z
F_x min	**−685444**	108883	−1383382	−1057526	−5809086	−2553059
F_x max	**690362**	−46695	−1469145	−289505	−2301188	1066162
F_y min	179986	**−687666**	−1195145	−4723845	−1809849	314757
F_y max	181558	**600304**	−1194458	5602059	−1653675	133105
F_z min	38722	−3843	**−1732992**	154533	−5431039	970036
F_z max	−88887	−62237	**−931144**	64091	1835551	319641

续表

工况	F_x	F_y	F_z	M_x	M_y	M_z
Fr max	179986	−687666	−1195145	−4723845	−1809849	314757
M_x min	62742	65966	−1650731	**−6408899**	1145409	179982
M_x max	163169	317330	−1486083	**7517494**	−1503588	−162368
M_y min	−106233	141607	−1444437	894655	**−9254295**	−1413028
M_y max	127796	−61336	−1694775	377871	**6754634**	−460593
M_z min	199858	−21294	−1415163	−642072	−4712179	**−6472104**
M_z max	192655	−203688	−1195875	401703	−2451558	**5151045**
Mr max	−107118	141954	−1445815	901645	−9253739	−1351992

顶部焊缝最大等效应力、安全系数见表 4－7。

表 4－7　　14 种极限工况下顶部焊缝结果

工　况	最大等效应力/MPa	安全系数
F_x min	80.852	3.50
F_x max	45.157	6.26
F_y min	72.233	3.91
F_y max	81.011	3.49
F_z min	77.297	3.66
F_z max	33.446	8.45
Fr max	72.233	3.91
M_x min	89.163	3.17
M_x max	102.120	2.77
M_y min	117.097	2.41
M_y max	90.345	3.13
M_z min	91.032	3.10
M_z max	67.793	4.17
Mr max	117.027	2.42

由表 4 - 6 可知，最大等效应力发生在 M_y min 工况，M_y min=117.097MPa，安全系数为 2.41，故而塔筒顶部满足极限强度设计要求。

4.7.2 疲劳强度

定义合弯矩方向与 x 轴夹角为 $\theta\in[0, 2\pi]$，角度计算的数学表达式为

$$\theta=\begin{cases}\arctan\dfrac{M_y}{M_x}(M_x>0,M_y\geqslant 0)\\ \pi+\arctan\dfrac{M_y}{M_x}(M_x<0)\\ 2\pi+\arctan\dfrac{M_y}{M_x}(M_x>0,M_y\leqslant 0)\end{cases}\tag{4-12}$$

再利用线性插值的方法计算出，当弯矩为 8000kN · m 时，这个方向的应力 σ_1。考虑到焊缝拉压应力的不同性质，这里时序应力采用带符号的等效应力，其中符号由最大、最小主应力值确定。当最大主应力绝对值大于最小主应力绝对值时，符号取正，反之取负。带符号的等效应力数学表达式为

$$\sigma=\frac{\sigma_1+\sigma_3}{\sqrt{2}\,|\sigma_1+\sigma_3|}\sqrt{(\sigma_1-\sigma_2)^2+(\sigma_2-\sigma_3)^2+(\sigma_1-\sigma_3)^2}\tag{4-13}$$

显而易见，当施加不同幅值大小、方向的弯矩得到焊缝应力，间隔幅值、角度越小则插值计算的应力值越精确，但同时需要进行大量的有限元分析为代价。以 0°焊缝点为例，仅 M_y 单独作用，不同幅值大小的应力值如图 4 - 10 所示。

由图 4 - 10 可知，不同幅值大小弯矩与应力间为一条近似的直线段。值得注意的是，由于螺栓的预紧力作用，该直线段并不通过原点。由不同大小弯矩值与应力关系，可以通过线性插值的方法计算出其他弯矩大小下的应力值。

设时序弯矩绝对值最大值为 M_{max}，根据对时序弯矩值的统计结果，这里取 M_{max}=8000kN · m。这里每隔 15°施加不同方向

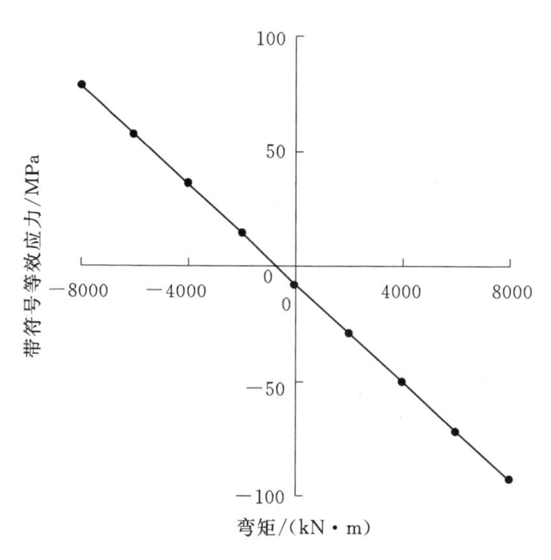

图 4-10　不同大小弯矩值下的应力值

的最大弯矩值 M_{max}，以 0°焊缝点为例，得到如图 4-11 所示的等效应力与带符号的等效应力雷达图。

由图 4-11（a）可知，等效应力在圆周方向接近但并不完全严格对称，这是由于机舱底座结构并不对称所致。

根据实际的时序弯矩幅值和角度，可以通过线性插值的方法计算得到时序应力值。为了得到顶部塔筒焊缝疲劳损伤值，这里每隔 15°为考察点，对时序应力进行雨流计数和累积损伤计算，得到不同位置处的焊缝的累积疲劳损伤值，如图 4-12 所示。

由图 4-12 可知，塔筒顶部法兰焊缝处累积损伤值具有非对称性。最大损伤在［−15°，15°］区间内，近似在 0 度附近。为了进一步得到较为精确的结果，可以细分 0 度附近区域进行重新计算，得到如图 4-13 所示的疲劳损伤分布。

由图 4-13 可知，最大累积损伤值发生在 0°位置，其值为 0.101，根据 GL2010 标准可知，由于其值小于 0.5，故而满足抗疲劳强度设计要求。

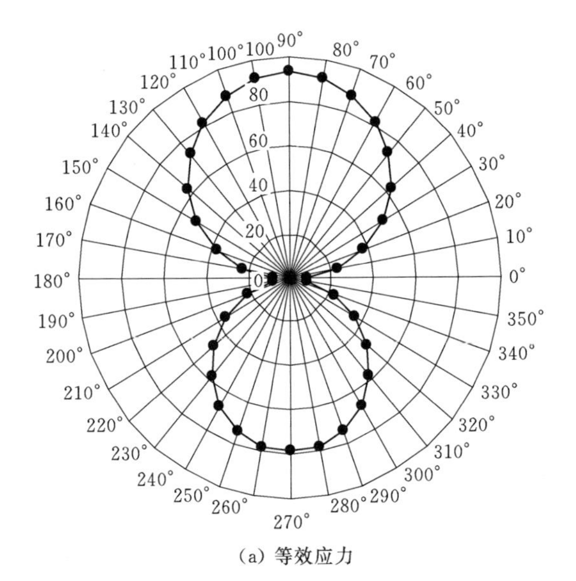

(a) 等效应力

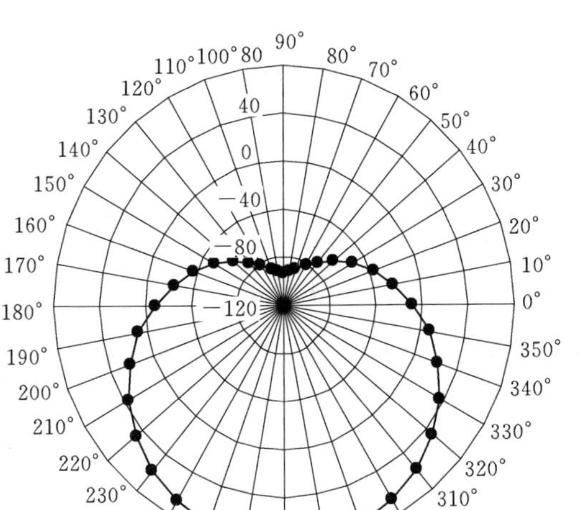

(b) 带符号的等效应力

图 4-11　0°处应力

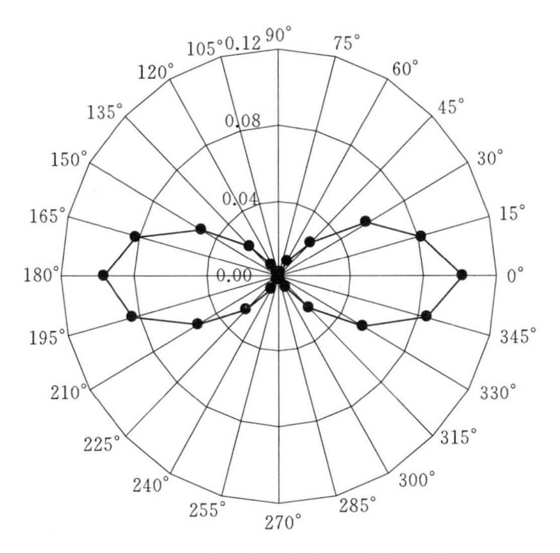

图 4-12　不同位置处焊缝累积损伤值

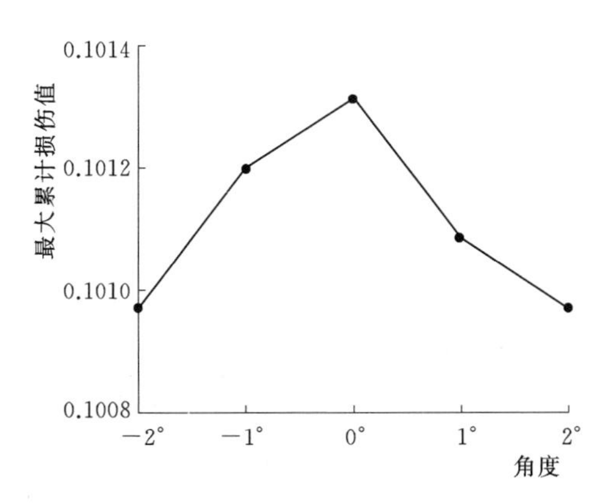

图 4-13　0°附近区域的累积损伤分布

4.7.3　结构优化方案

在 4.7.1 节中，对壁厚为 20mm 的塔筒顶部法兰焊缝进行时序疲劳分析，得知其疲劳为 0.0881，远小于 GL2010 标准中的 0.5，结构强度留有较大的裕度。塔筒的壁厚对塔筒的质量有着很大的影响。所以合理的减小壁厚尺寸可以有效地减少塔筒的重量，这样也可以相应地降低风电机组的成本。因此，在本节中对结构进行优化，在满足疲劳的条件下尽量减小塔筒的厚度以节约材料。拟通过减小壁厚达到结构优化的目的。值得说明的是，由于顶段圆筒壁厚的改变对塔筒整体动态性能影响较小，故而仍采用前节分析中的极限载荷与疲劳载荷。假设壁厚在 16～19mm 间变化，研究不同壁厚下焊缝的最大应力结果以及疲劳强度。

当塔筒壁厚为 20mm 时，计算了其在极限工况下的塔筒顶部法兰焊缝的等效应力分布。塔筒壁厚不同时分别计算得到极限工况下的塔筒顶部法兰的等效应力分布，不同壁厚各极限工况最大应力见表 4-8，其中 pre 代表螺栓预紧力作用下的载荷工况。

表 4-8　　不同壁厚各极限工况最大应力　　单位：MPa

工况	厚度 20mm	厚度 19mm	厚度 18mm	厚度 17mm	厚度 16mm
F_x min	80.852	84.740	89.004	93.730	99.013
F_x max	45.157	47.128	49.320	51.783	54.584
F_y min	72.233	75.626	79.368	83.540	88.246
F_y max	81.011	84.871	89.124	93.857	99.185
F_z min	77.297	81.010	85.093	89.631	94.728
F_z max	33.446	34.818	36.342	38.053	39.998
Fr max	72.233	75.626	79.368	83.540	88.246
M_x min	89.163	93.487	98.234	103.496	109.393
M_x max	102.120	107.109	112.588	118.669	125.492
M_y min	117.101	122.921	129.312	136.398	144.337
M_y max	90.345	94.761	99.611	104.992	111.027
M_z min	91.032	95.270	99.948	106.123	113.602
M_z max	67.793	75.626	76.839	82.067	87.866
Mr max	117.030	84.740	89.004	93.730	99.013
pre	10.790	47.128	49.320	51.783	54.584

由表 4 - 7 可知，随着塔筒壁厚的减小，各极限工况的最大应力逐渐增大。在 M_y min 工况作用下时，塔筒顶部法兰焊缝处应力最大。风从 x 方向吹，塔筒主要受 y 方向的弯矩作用。在各塔筒壁厚的极限工况中，M_y min 应力最大，其最低安全系数在壁厚为 20mm 时为 2.4，壁厚为 16mm 时为 2.0，结构设计容易满足极限强度的要求，而极限强度的校核仅仅是针对某一个极限工况，也就是只验证塔筒是否能经得住可能出现的最大载荷，这对塔筒设计来说相对易满足。但是风电行业要求寿命是 20 年，由于风载荷属于随机载荷，所以不能只研究一次最大载荷，而是应该更注重在多次随机载荷作用下结构能否不被破坏，这就需要在对塔筒疲劳强度的校核中多下功夫。

当仅改变了塔筒的壁厚，所以可以根据上述的结论，0°附近处的损伤最大，本节以该位置为例，考察不同塔筒壁厚对疲劳强度的影响。利用第 3 章中的疲劳强度校核的方法分别对壁厚为 16mm、17mm、18mm、19mm、20mm 的塔筒进行疲劳校核。图 4 - 14

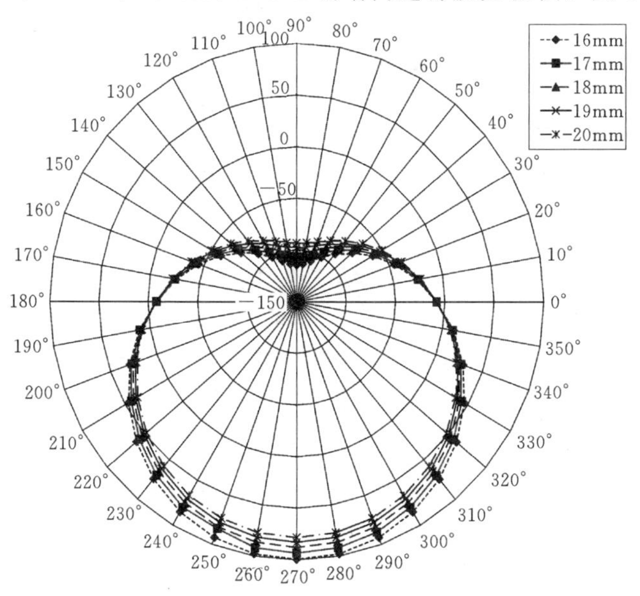

图 4 - 14　不同壁厚 0°处带符号的等效应力

为不同壁厚塔筒 0°处在各方向加载弯矩大小为 8000kN · m 后受到的应力。

由图 4－14 可知，随着壁厚的减小，受到的应力不断增大。并且在 0°和 180°应力几乎不变，随着角度逐渐偏离，差值逐渐增加。在 90°和 270°时变化最明显。这是由于电机、主轴、轮毂的布置上，导致的结构不对称引起的。风电机组的布置是要朝着主风方向的，所以主要部件的排布都在 0°方向上，机组几乎是关于 x 轴对称，从图中可以看出受到的应力也几乎是对称的。但是当受到 90°或 270°方向的弯矩时，受到的应力明显不对称，且对不同壁厚塔筒的受到的应力也有很大影响。这是由于轮毂、电机、齿轮箱、主轴等主要部件的重量不等，塔筒要承受的力和弯矩也相去甚远。为了更直观地从数值上看到角度不同，受到应力大小的变化，为了便于观察，本章将应力取绝对值，如图 4－15 所示。

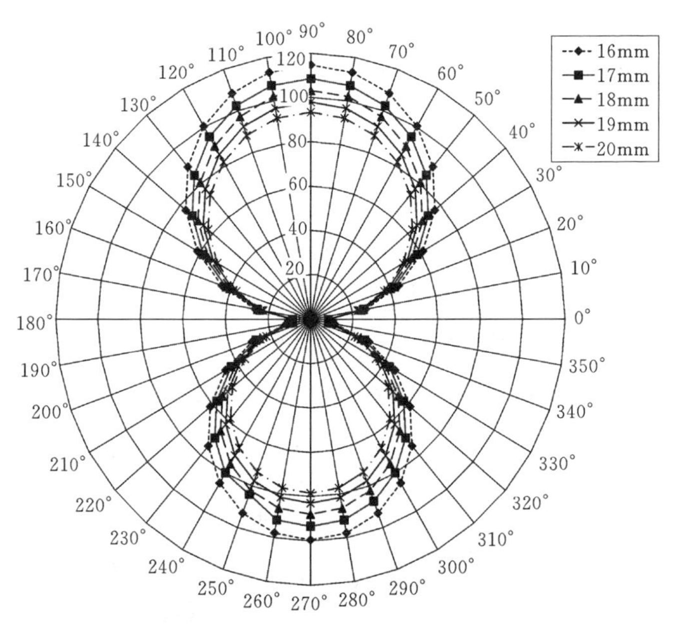

图 4－15　不同壁厚 0°处的等效应力

由图 4-15 可知，在 0°和 180°加载弯矩时，塔筒受到的应力是最小的，因为在这个方向上，机舱等主要部件并没有对塔筒造成什么负担，而受到 90°和 270°方向的弯矩时，塔筒受到的应力剧增，而且塔筒壁厚对应力的影响也更加明显。

对塔筒顶部法兰焊缝受到的应力分析后，利用前面采用的时序载荷疲劳的研究方法计算不同壁厚塔筒顶部法兰焊缝的疲劳。不同壁厚塔筒顶部法兰焊缝 0°处的疲劳结果见表 4-9。

表 4-9　　不同壁厚塔筒顶部法兰焊缝 0°处的疲劳结果

壁厚/mm	19	18	17	16
最大累积损伤	0.131	0.170	0.305	0.399

由表 4-8 可知，塔筒壁厚对疲劳的影响很大，从 4.6 节对塔筒极限强度的分析中可知，当壁厚为 16mm 时，最大应力只有 144.34MPa，而塔筒所用材料的屈服强度达到了 325MPa，仍然有很大空间，从疲劳的分析可以看出，当塔筒壁厚为 16mm 时，疲劳已经为 0.35，经过优化以后达到了 0.4，这与 GL2010 标准的 0.5 已相当接近，这里对塔筒结构进行优化后，塔筒壁厚可取值 16mm。

4.8　本 章 小 结

在第 2 章介绍的 DIN18800-4 标准基础上，推导了塔筒截面任意位置处的应力表达式，并分别进行了极限强度分析和疲劳强度分析；介绍了两种不同的疲劳分析方法，即等效疲劳计算方法和时序疲劳计算方法；最后通过工程实际应用，对比了等效疲劳和时序疲劳计算结果，重点分析了两种方法下结果的异同点。

介绍了利用塔筒顶部焊缝的有限元建模方法，以及极限强度和疲劳强度计算方法，在此基础上，通过改变薄壁圆筒厚度，实现了塔筒顶部结构的轻量化设计。

第 5 章　塔筒门洞结构极限强度与疲劳强度

5.1　引　　言

塔筒门洞结构通常含有门框结构，其结构型式不满足材料力学基本假设，故本章将采用有限元法计算得到塔筒门洞的结构极限强度和疲劳强度。并在此基础上，通过改变门洞处门框的结构型式，定量考察尺寸参数对疲劳强度的影响，从而实现塔筒门洞结构的轻量化设计[44]。

5.2　热点应力法

焊接结构中，焊趾是更易发生疲劳破坏的热点部位，热点应力指焊趾处的结构应力。结构应力为在焊趾前沿仅考虑宏观几何应力集中而得到的局部应力，其在焊趾处达到最大值，即热点应力（hotspot stress）。焊接板结构中，较先提出并得到推广应用的热点应力表面线性外推法[45-47]，如图 5－1 所示，其通常利用距离焊趾表面一定距离的结构应力。其中 t 为薄壁厚度，常见的基于线性应力外推公式为

$$\sigma_{hot}=1.67\sigma_{(0.4t)}-0.67\sigma_{(1.0t)} \tag{5-1}$$

式中　σ_{hot}——焊趾热点应力；

$\sigma_{(0.4t)}$——距离焊趾 $0.4t$ 位置的应力；

$\sigma_{(1.0t)}$——距离焊趾 $1.0t$ 位置的应力。

也可以通过三点外推得到的焊趾处热点应力，设三点距离焊趾处的距离分别是 $0.4t$、$0.9t$、$1.4t$，则基于三点插值的外推公式为

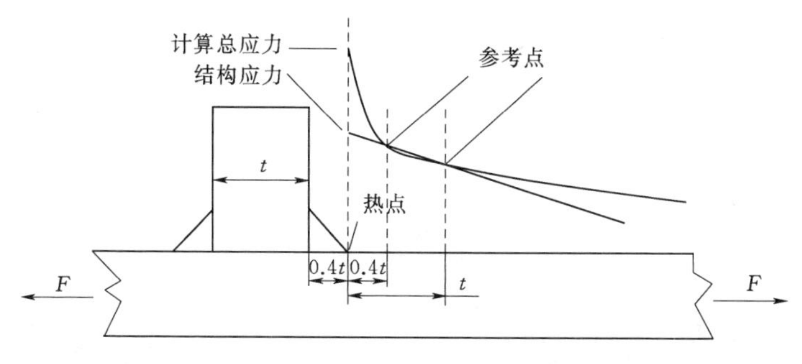

图 5－1　热点应力表面线性外推

$$\delta_{hot}=2.52\delta_{(0.4t)}-2.24\delta_{(0.9t)}+0.27\delta_{(1.4t)} \qquad (5-2)$$

采用结构应力法计算时，首先找到结构应力热点，可通过有限元计算或实验得到距结构应力热点 0.4t 和 1.0t 处的应力值，最后通过表面外推法得到结构热点的应力值。

5.3　塔筒门洞的极限强度分析

5.3.1　有限元模型的建立

为了分析塔筒门洞焊缝处的应力，被分析塔筒截段的高度最小满足 2.5 倍底部直径值要求，可截取塔筒底部至含门洞在内的法兰段。为了提高分析精度，采用八节点六面体单元对塔筒门洞结构进行离散。值得注意的是，为了严格满足热点应力法结果后处理要求，在门框、薄壁焊缝处需严格按照方法的要求在相应的位置布置节点。为了方便后续极限分析和疲劳强度分析中提取结构表面应力和结果后处理。最终的有限元网格模型如图 5－2 所示，所用有限元模型共包含 44747 个节点，41247 个单元。全约束塔筒底部法兰底面，为了方便载荷施加，在顶部法兰中心处建立网状刚性元，在中心处施加 3 个方向的力和 3 个方向的矩。风电机组塔筒的载荷计算，由 Focus 软件输出的塔筒门洞分析极限载荷表见表 2－12。

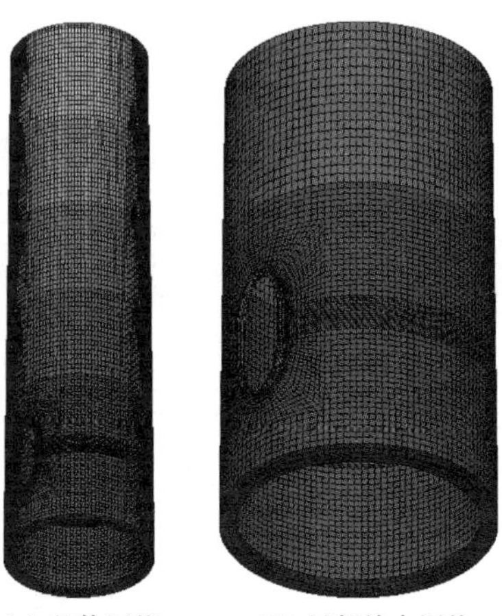

(a) 整体网格　　(b) 局部放大网格　　(c) 顶部蜘蛛网状刚性元

图 5-2　塔筒门洞网格模型

5.3.2　分析结果

根据提供的极限载荷值，分别计算得到极限工况下的塔筒门洞附近等效应力分布如图 5-3 所示。

采用热点应力法计算时，首先找到结构应力热点，然后再通过有限元软件得到距结构应力热点 0.4t 和 1t 处的应力值，最后

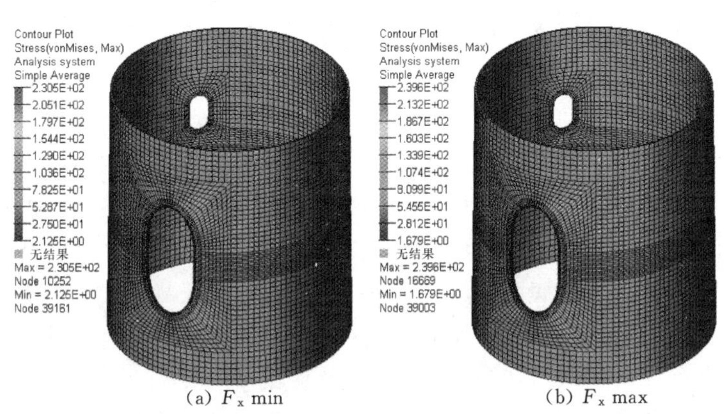

(a) F_x min　　(b) F_x max

图 5-3（一）　各极限工况下的塔筒门洞附近等效应力分布(单位：MPa)

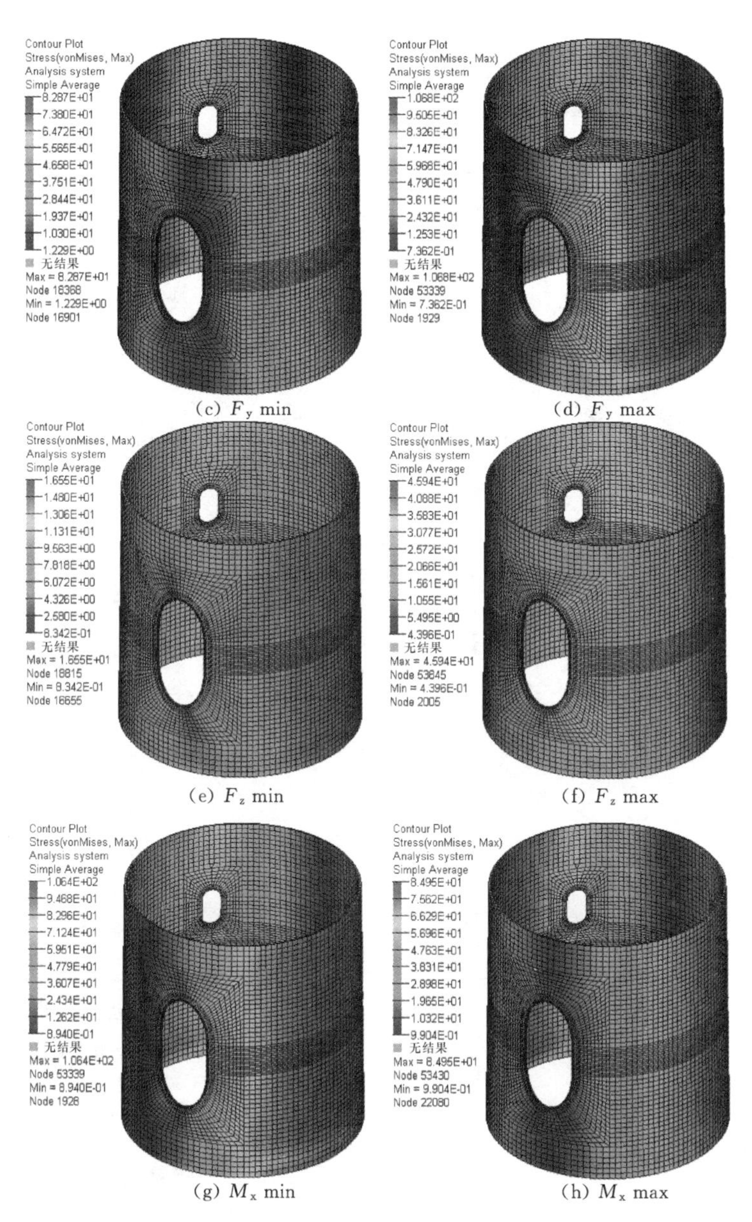

图 5-3（二） 各极限工况下的塔筒门洞附近等效应力分布(单位：MPa)

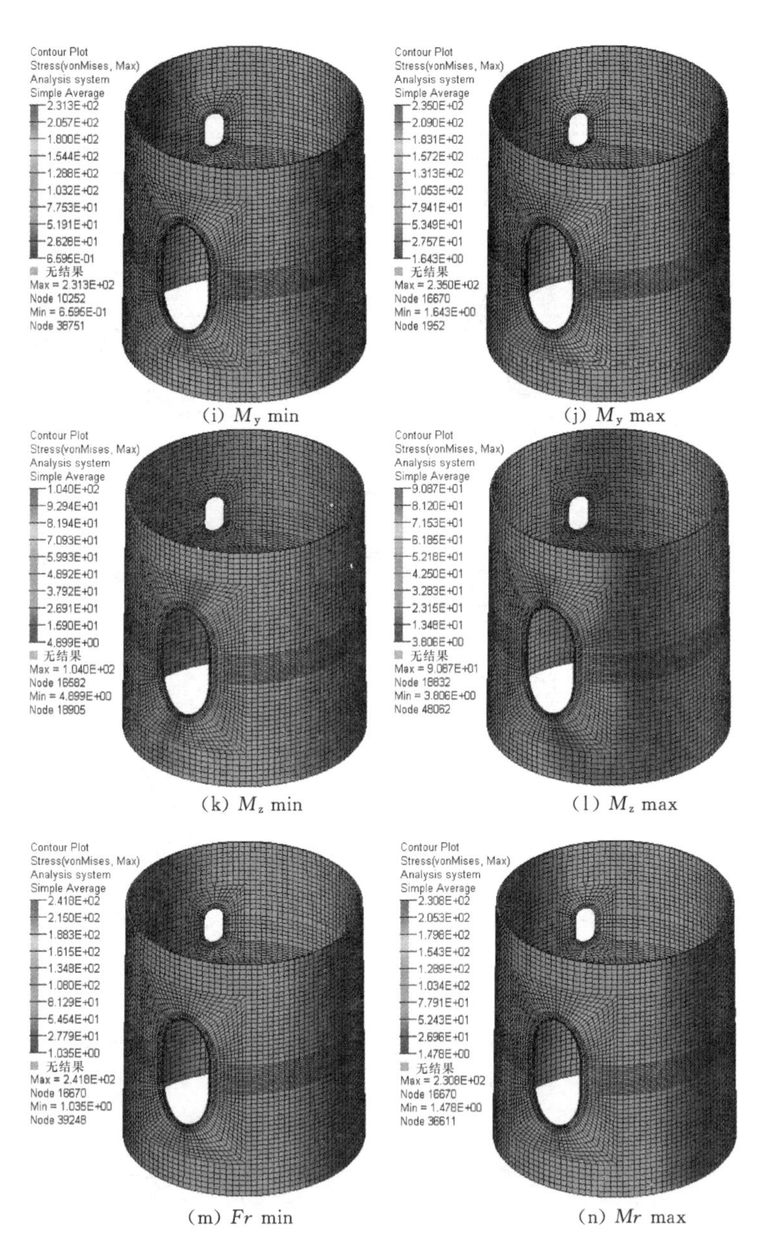

(i) M_y min (j) M_y max

(k) M_z min (l) M_z max

(m) Fr min (n) Mr max

图 5-3（三） 各极限工况下的塔筒门洞附近等效应力分布（单位：MPa）

通过表面外推法得到结构热点的应力值。基于有限元模型直接计算与采用结构应力法计算得到的热点应力值见表 5-1，表中给出了结构应力热点在有限元模型中的节点编号和位置，以及通过有限元模型直接计算得到的应力值与采用结构应力法计算得到的应力值的结果比较，特别是 14 种极限工况下的有限元法与热点应力法下的焊缝最大等效应力值对比。表 5-1 中未填写数值表明该工况下的最大应力值不发生在焊趾处。

表 5-1　　基于有限元模型直接计算与采用结构应力法计算得到的热点应力值

工况	焊趾结点位置	有限元解/MPa	插值解/MPa	相对误差/%
F_x min	门洞内壁	230.0	217.0	13.0
F_x max	门洞内壁	239.3	226.2	13.1
F_y min	塔筒壁	86.6	—	—
F_y max	小门洞内壁	108.9	103.9	5.0
F_z min	门洞内壁	16.7	15.8	0.9
F_z max	小门洞内壁	46.8	54.9	−8.1
Fr max	门洞内壁	241.3	227.9	13.4
M_x min	小门洞内壁	108.5	103.5	5.0
M_x max	塔筒壁	86.6	—	—
M_y min	门洞内壁	230.6	217.5	13.1
M_y max	门洞内壁	233.8	220.8	13.0
M_z min	门洞内壁	106.0	77.1	28.9
M_z max	门洞内壁	92.4	89.7	2.7
Mr max	门洞内壁	229.6	216.6	13.0

由表 5-1 两种不同方法下的分析结果对比可知，对于大多数工况而言，通过有限元建模直接计算得到的热点应力值比采用结构应力法计算得到的热点应力值大。故而可直接采用有限元法结果得到较保守的极限强度结论。由于塔筒材料为 Q345 钢，当考虑塔筒壁厚造成屈服强度略微下降，这里取屈服强度为

325MPa，材料局部安全系数取值为1.15时，则各极限工况安全系数均大于1，结构设计满足极限强度要求。

5.4 塔筒门洞的疲劳强度分析

5.4.1 分析软件设置

Ncode软件提供了基于有限元分析结果的疲劳分析模块，界面设置、某工况下载荷通道以及载荷工况频次示范如图5-4所示。

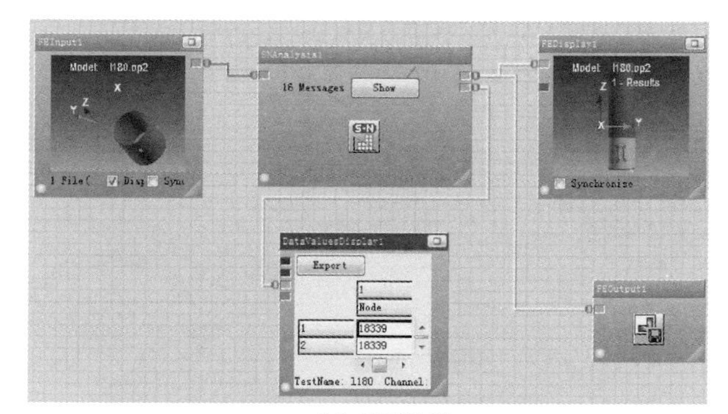

(a) 界面设置

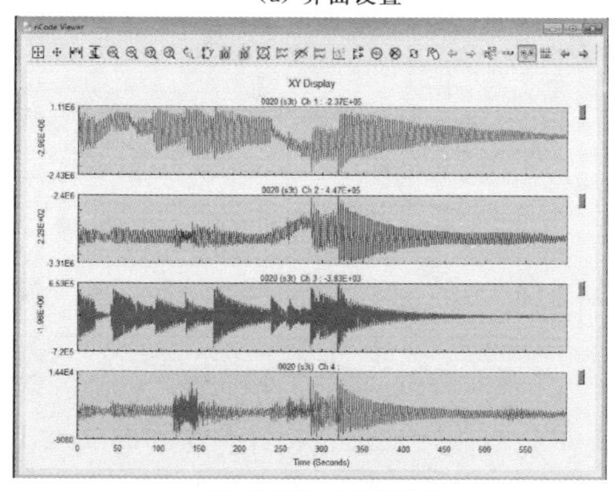

(b) 某工况下载荷通道

图5-4（一） Ncode分析流程图

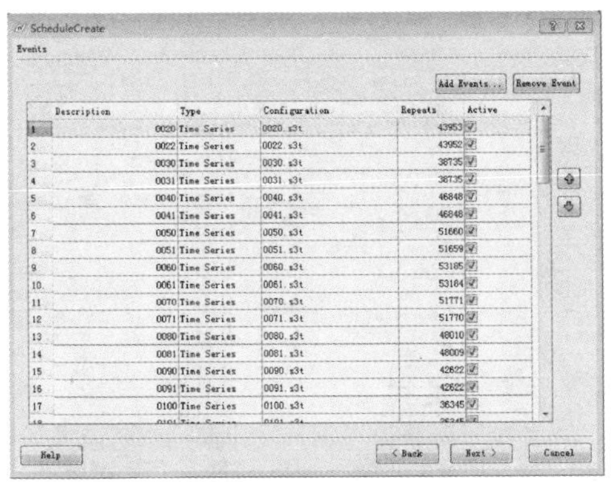

(c) Ncode 载荷工况频次示范

图 5-4（二） Ncode 分析流程图

风电机组塔筒门洞进行结构优化时，描述塔筒门洞结构特点的参数有塔高、塔顶直径、塔底直径、塔筒壁厚、门框宽度、门框长度以及所选材料等。针对不同机型的风电机组有着不同的设计要求，因此对塔筒的设计要求也不一样。例如：塔高需要根据风电机组功率和及其在风场风资源特点等参数来确定；塔底直径的设计与机组要求相对其他因数较独立，但又受到运输条件的限制，如限高、限宽等。随着风电机组的大型化，特别是单机容量达到兆瓦级以后，对于锥筒型塔筒，在国际风电行业中形成一种普遍共识，即塔筒底部直径以当地运输条件上限为准。因此，针对塔筒门洞的特点，以门框宽度、门框长度、塔筒壁厚为变量，塔筒壁厚的尺寸、门框宽度、门框长度都应符合相应的要求，在使其满足疲劳性能的前提下尽量减小塔筒重量。

5.4.2 不同门框宽度对疲劳结果的影响

为了分析不同门框宽度对塔筒门洞焊趾最大累积损伤的影响，需要进行塔筒门洞疲劳损伤分析，具体如图 5-5 所示。其中，在做疲劳损伤分析时设定门框宽度分别为 50mm、100mm 和 150mm。当门框宽度为 50mm 时，对应的疲劳损伤分布如图 5-6所示。

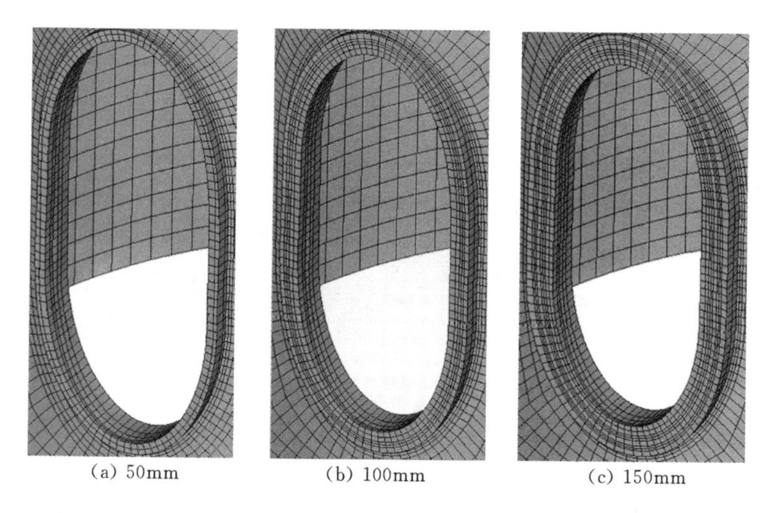

(a) 50mm　(b) 100mm　(c) 150mm

图 5-5　不同门框宽度的门洞网格模型

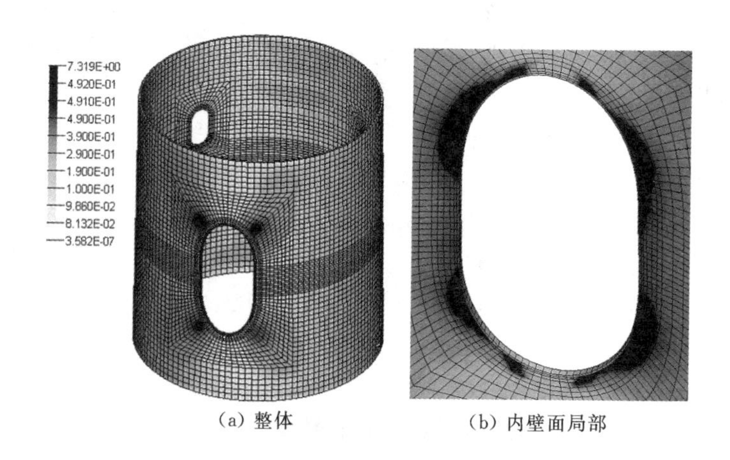

(a) 整体　(b) 内壁面局部

图 5-6　塔筒门洞疲劳损伤分析

由图 5-6 可知，内外壁面门框附近的损伤呈现蝴蝶状分布，最大损伤发生在内壁面焊趾处。其他宽度下的损伤分布规律与此相同。不同门框宽度下的最大累积损伤结果见表 5-2。

表 5-2　　不同门框宽度下的最大累积损伤结果

宽度/mm	最大累积损伤值	宽度/mm	最大累积损伤值
50	7.319	150	0.754
100	0.800		

由表 5-3 可知，当门框宽度由 50mm 增大至 100mm，最大损伤值由 7.319 下降至 0.800，对应的疲劳寿命增大了 9 倍多，而当门框宽度由 100mm 增大至 150mm 时，最大损伤值略微下降。上述结果说明，适当增大门框宽度，将明显提高焊趾处的疲劳寿命，而增至一定宽度后，寿命提高的效果会有所下降。

5.4.3　不同门框长度对疲劳结果的影响

为考虑门框长度对塔筒门洞焊缝最大累积损伤的影响，设门框宽度为 150mm，塔筒壁厚为 32mm，门框长度分别为 180mm、200mm、220mm、240mm 和 260mm 时，对以上塔筒进行有限元建模并进行疲劳损伤计算，不同门框长度下的模型如图 5-7 所示，不同门框长度下的最大累积损伤结果见表 5-3。

表 5-3　　不同门框长度下的最大累积损伤结果

长度/mm	最大累积损伤值	长度/mm	最大累积损伤值
180	0.754	240	1.156
200	0.903	260	1.257
220	1.038		

由表 5-3 可知，随着门框长度的增加，焊趾处的最大累积疲劳损伤值增大，这是由于门框长度增加，将增大门框局部刚度，塔筒壁处相对较弱，从而恶化了焊趾处的疲劳寿命。

5.4.4　不同塔筒薄壁厚度对疲劳结果的影响

为分析不同塔筒壁厚对塔筒门洞焊缝最大累积损伤的影响，设门框宽度为 150mm，门框长度为 180mm。塔筒壁厚分别为 32mm、33mm、34mm、35mm 和 36mm。对以上的塔筒进行有限元建模并进行疲劳损伤计算，不同塔筒壁厚下的最大累积损伤

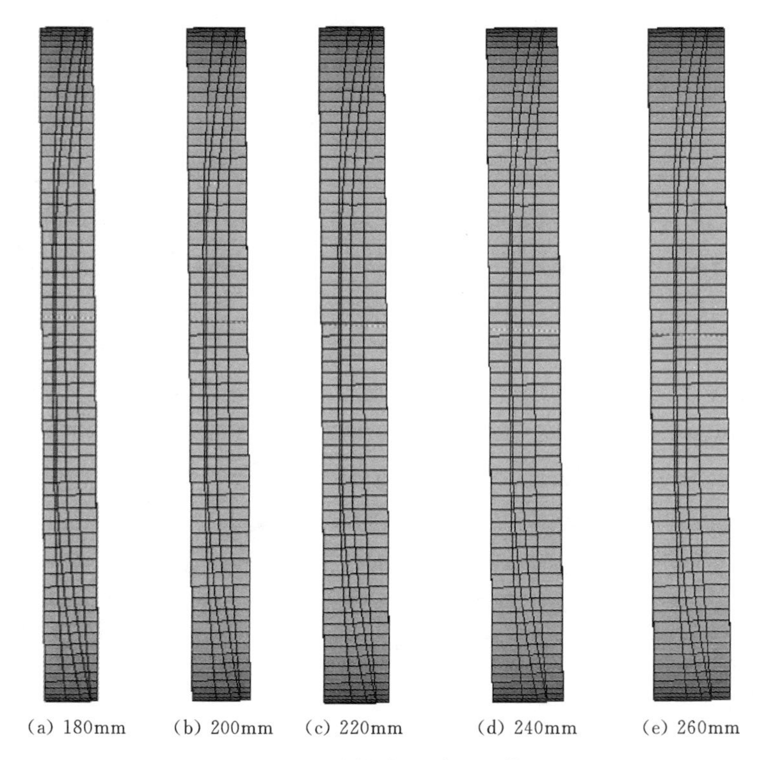

图 5-7　不同门框长度下的模型

结果见表 5-4。

表 5-4　　不同塔筒壁厚下的最大累积损伤结果

塔筒壁厚/mm	修正前最大损伤值	修正后最大损伤值	位置
32	0.7536	0.8666	门洞内壁
33	0.6110	0.7027	门洞内壁
34	0.4988	0.5736	门洞内壁
35	0.4088	0.4701	门洞内壁
36	0.3354	0.3857	门洞内壁

由表 5-4 可知，最大累积损伤值发生在塔筒门洞焊缝焊趾处，在一定范围内，随着塔筒壁厚的增加，最大累积损伤值在逐

渐减小。随着塔筒壁厚的增加，塔筒截面环的面积在增加，增加了塔筒的抗疲劳特性。当塔筒壁厚为35mm时，修正后的最大累积损伤值为0.4701，小于0.5，满足GL2010标准焊接结构件疲劳寿命设计要求。

5.5 结构优化后的强度校核

为分析塔筒疲劳寿命改善后对塔筒门洞强度的影响，以门框宽度为150mm，门框长度为180mm，塔筒壁厚为34mm的塔筒门洞为模型，在极限载荷工况作用下的应力分布如图5-8所示。

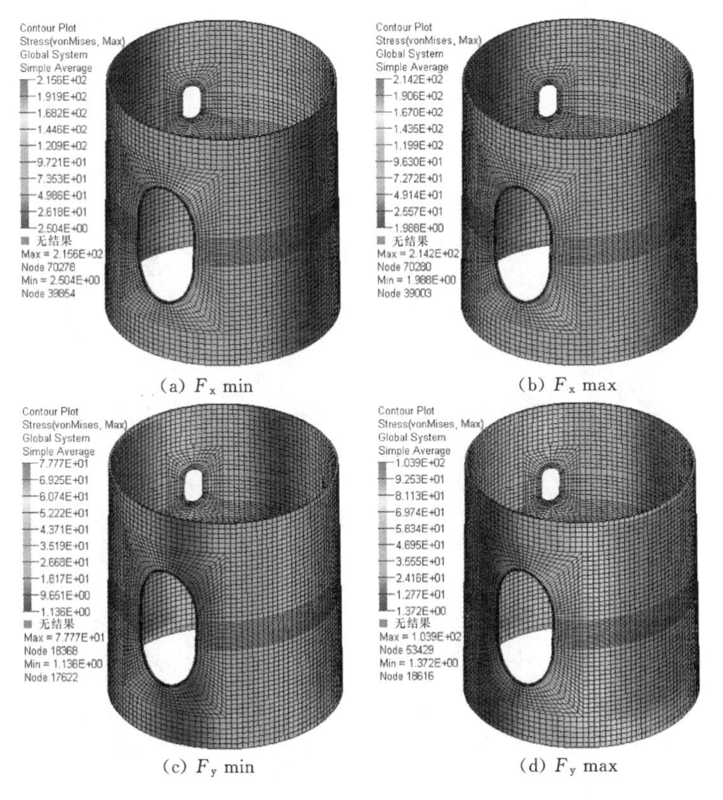

(a) F_x min　　(b) F_x max

(c) F_y min　　(d) F_y max

图5-8（一） 极限载荷工况作用下的应力分布（单位：MPa）

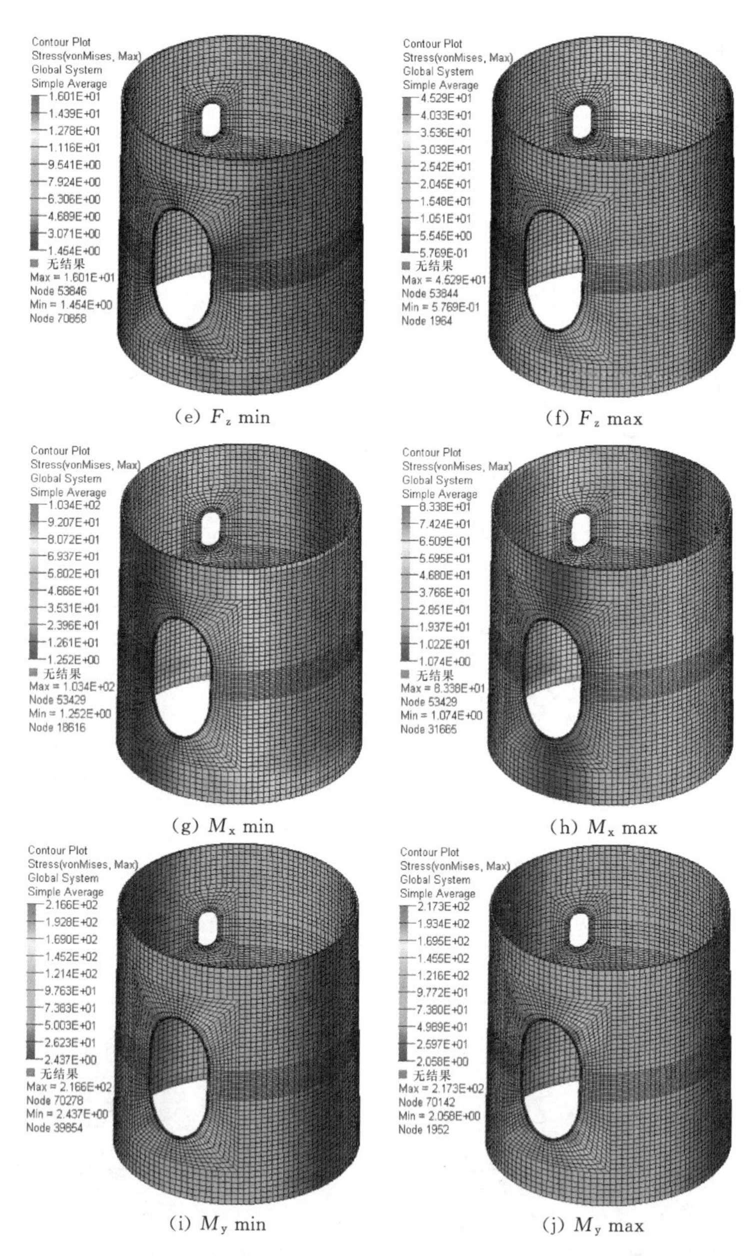

图 5-8（二） 极限载荷工况作用下的应力分布（单位：MPa）

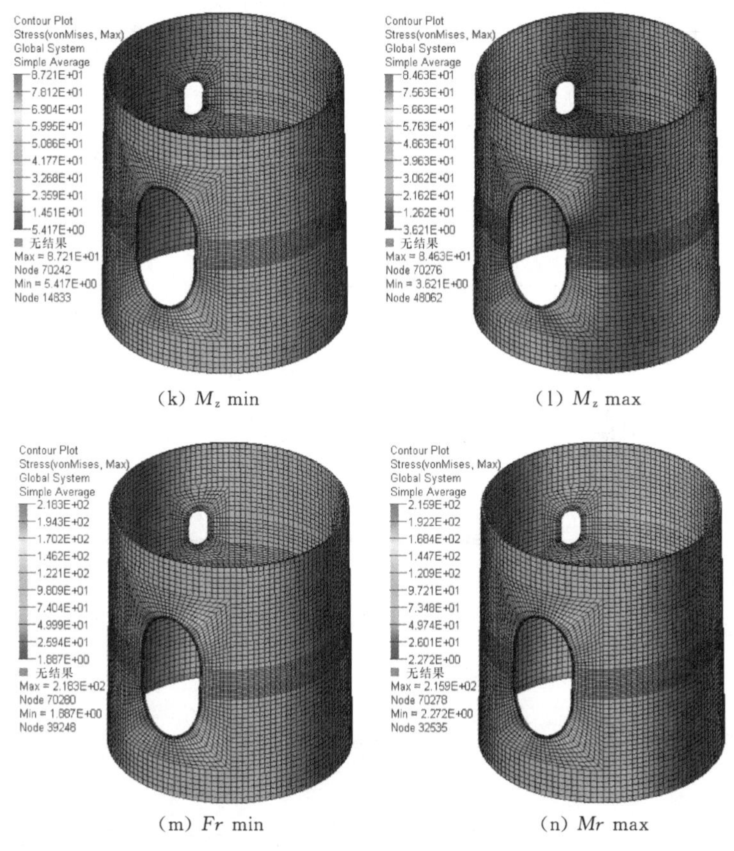

(k) M_z min　　(l) M_z max

(m) Fr min　　(n) Mr max

图 5-8（三） 极限载荷工况作用下的应力分布（单位：MPa）

疲劳改善后模型在极限工况下的最大应力值与疲劳改善前模型在极限工况下的最大应力值对比结果见表 5-5。

表 5-5　　疲劳改善前后最大应力值对比结果

工况	焊趾结点位置	原模型/MPa	改善后的模型/MPa	相对差/%
F_x min	门洞内壁	230.0	215.6	14.4
F_x max	门洞内壁	239.3	214.2	25.1
F_y min	塔筒壁	86.6	77.8	8.8

续表

工况	焊趾结点位置	原模型/MPa	改善后的模型/MPa	相对差/%
F_y max	小门洞内壁	108.9	103.9	5.0
F_z min	门洞内壁	16.7	16.0	0.7
F_z max	小门洞内壁	46.8	45.3	1.5
Fr max	门洞内壁	241.3	218.3	23.0
M_x min	小门洞内壁	108.5	103.4	5.1
M_x max	塔筒壁	86.6	83.4	3.2
M_y min	门洞内壁	230.6	216.6	14.0
M_y max	门洞内壁	233.8	217.3	16.5
M_z min	门洞内壁	106.0	87.2	18.8
M_z max	门洞内壁	92.4	84.6	7.8
Mr max	门洞内壁	229.6	215.9	13.7

由表5-5可知，当塔筒门洞疲劳改善后，塔筒门洞在极限载荷工况下的应力值在减小，但是减小不明显，因此疲劳改善对极限强度的影响不是很大。

5.6 本章小结

比较了这两种建模方式对塔筒在极限工况作用下的应力分布情况，并通过改变塔筒的材料的属性来使塔筒在板壳单元建模与体单元建模在极限工况作用下得到的应力分布一致，还研究了塔筒门洞焊缝焊趾热点应力的计算方法，得到以下结论：

（1）在极限工况作用下，塔筒通过体单元建模和板壳单元建模得到的应力分布情况一致，即在 Fr max 工况下，塔筒门洞处应力最大；在 F_x min、F_x max、M_y min、M_y max、Mr max 工况作用下，塔筒门洞处的应力值也较大，且分布在塔筒的门洞附近，呈约蝴蝶状分布。塔筒在极限工况下的最大应力值小于塔筒的许用应力，塔筒满足静强度设计要求。

（2）随着门框宽度的增加，塔筒门洞内壁焊缝焊趾处的最大累积损伤值大幅度减小，极大提高了焊缝的疲劳寿命。

（3）随着门框长度的增加，塔筒门洞内壁焊缝焊趾处的最大累积损伤值逐渐增大。因此，增加门框长度不利于改善门洞焊缝的疲劳寿命。

（4）随着塔筒壁厚的增加，塔筒门洞内壁焊缝焊趾处的最大累积损伤值逐渐减小。在塔筒壁厚为 35mm，门框宽度为 150mm，门框长度为 180mm 时，修正后的最大累积损伤值为 0.4701，符合 GL2010 标准要求，极大改善了塔筒门洞焊缝的疲劳寿命。

（5）当塔筒壁厚为 36mm 时，修正后的最大累积损伤值为 0.3857，也符合 GL2010 标准，但是相对于 35mm 塔筒的壁厚，塔筒重量增加，成本提高。因此塔筒壁厚 35mm，即能满足疲劳设计要求。

（6）塔筒门洞的疲劳性能改善后，其承受极限载荷的能力也得到了提高，但是没有疲劳改善那么显著。

第6章　法兰连接螺栓疲劳强度分析方法

6.1　引　　言

为实现风电机组塔筒法兰螺栓系统的抗疲劳和轻量化设计。首先利用Schmidt－Neuper工程算法考察了螺栓法兰系统几何结构参数对螺栓疲劳损伤的影响，并在此基础上实现了法兰螺栓系统的轻量化设计；引入不同种类含间隙法兰有限元模型，定量考察间隙类型和间隙参数对螺栓疲劳累积损伤影响，进一步研究法兰螺栓疲劳损伤失效机理[21,48]。

6.2　基于Schmidt－Neuper算法的螺栓疲劳强度校核

尽管已有一些有关风电机组塔筒螺栓疲劳强度研究，但迄今为止，仍然缺乏塔筒法兰的相关设计方法。本节将在Schmidt－Neuper模型基础上，定量考察法兰结构参数对螺栓疲劳损伤的影响，在此基础上，以法兰总重最小化为目标，以螺栓疲劳损伤为约束，建立了法兰结构优化设计模型，通过优化求解得到了参数优化结果。

6.2.1　塔筒螺栓时序应力计算

Schmidt－Neuper模型基本假设认为单扇面的法兰系统受力不受邻近扇面法兰系统的影响，故而以单扇面法兰系统为研究对象。法兰结构示意如图6－1（a）所示。Schmidt－Neuper模型将塔筒壁面拉力Z平移至螺栓、法兰和垫片组成的系统，根据三者之间的刚度来分配拉力Z。

由于螺栓主要受预紧力、塔筒弯矩等引起的拉压载荷作用，不考虑剪切方向载荷对螺栓疲劳强度的影响。在Schmidt－

Neuper 算法中，塔筒薄壁主要受到弯矩和垂向载荷引起的正应力作用。对 β 角位置的扇面，塔筒薄壁上受到的外界拉力 Z 表达式为

$$Z=\frac{2(M_x\sin\beta-M_y\cos\beta)}{RN}+\frac{F_z}{N} \tag{6-1}$$

式中　Z——外界拉力；

M_x——x 方向弯矩；

M_y——y 方向弯矩；

R——拉力 Z 作用处对应的半径；

N——整圈法兰螺栓个数；

F_z——塔筒轴向拉力。

螺栓刚度表达式为

$$C_s=\frac{EA_N}{L_s} \tag{6-2}$$

式中　E——螺栓材料弹性模量，取值 210GPa；

A_N——螺栓中径对应的面积；

L_s——螺栓长度。

法兰刚度表达式为

$$C_{D,1}=\frac{\pi E}{8T_f}\left[\left(D_w+\frac{2T_f}{10}\right)^2-d_h^2\right]^2 \tag{6-3}$$

式中　T_f——法兰厚度；

D_w、d_h——垫片外、内直径。

垫片刚度表达式为

$$C_{D,2}=\frac{E\pi(D_w^2-d_h^2)}{4T_w} \tag{6-4}$$

式中　T_w——垫片厚度。

法兰系统的等效刚度弹簧模型如图 6-1（b）所示。法兰与垫片为弹簧串联方式，合成等效刚度表达式为

$$C_D=\frac{1}{\frac{1}{C_{D,1}}+\frac{2}{C_{D,2}}} \tag{6-5}$$

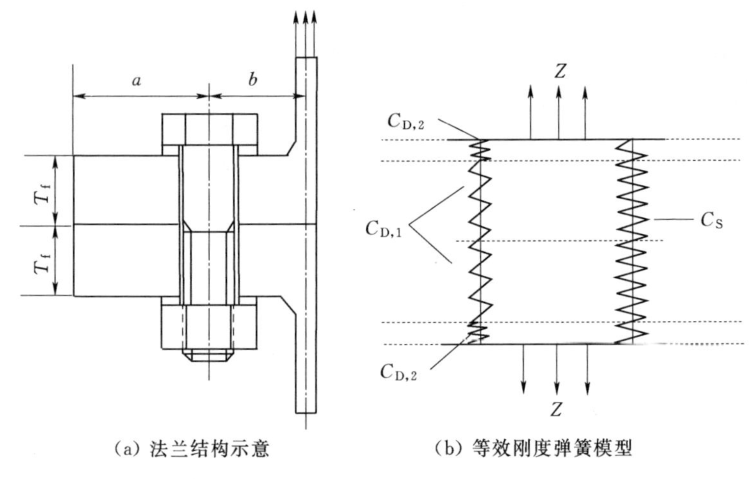

图 6-1　Schmidt-Neuper 模型

法兰垫片和螺栓为弹簧并联方式，系统的合成等效刚度表达式为

$$C = C_s + C_D \tag{6-6}$$

各子系统的刚度分配比例为

$$p = \frac{C_s}{C}, q = \frac{C_D}{C} \tag{6-7}$$

式中　p——螺栓刚度比例；

q——垫片和法兰组成系统刚度比例。

无量纲参数 λ 表达式为

$$\lambda = \frac{0.7a + b}{0.7a} \tag{6-8}$$

式中　a——螺栓中心位置距离法兰内径距离；

b——螺栓中心位置塔筒薄壁中心位置的距离。

设螺栓预紧力为 F_V，根据 Schmidt-Neuper 模型，螺栓内力 F_{VS} 与外界拉力 Z 采用线性分段描述，数学表达式为

$$F_{VS}=\begin{cases}2F_V+\lambda Z & Z<-Z_2\\ 2F_V-\lambda Z_2 & Z=-Z_2\\ F_V-pZ_1 & Z=-Z_1\\ F_V & Z=0\\ F_V+pZ_1 & Z=Z_1\\ \lambda Z_2 & Z=Z_2\\ \lambda Z & Z_2<Z\end{cases} \tag{6-9}$$

$$Z_1=\frac{(a-0.5b)F_V}{a+b}$$

$$Z_2=\frac{F_V}{\lambda q} \tag{6-10}$$

螺栓截面应力表达式为

$$\sigma=\frac{F_{VS}}{A_S} \tag{6-11}$$

式中　A_S——螺栓应力面积。

6.2.2　塔筒螺栓疲劳损伤计算

根据 GL2010 标准，塔筒法兰楼上选取疲劳级别 $DC=36$，即在 2×10^6 次循环对应的应力变程为 36MPa。

对于直径大于 30mm 螺栓，疲劳级别缩减系数为

$$k_S=\left(\frac{30}{d_M}\right)^{0.25} \tag{6-12}$$

式中　d_M——螺栓中径，mm。

对于直径大于 30mm 螺栓，其疲劳等级根据式（6-12）进行缩减。

根据塔筒截面时序载荷数据，对式（6-9）采用线性插值处理方式，根据式（6-11）可计算得到螺栓的时序应力，在已知 $S-N$ 曲线数据前提下，采用雨流计数、Miner 线性累积损伤假设，即可计算得到螺栓累积损伤，基于 Ncode 软件的疲劳分析界面如图 6-2 所示。

6.2.3　初始法兰结构的螺栓疲劳损伤计算

分析对象为某大型水平轴风电机组底部塔筒段法兰螺栓，法

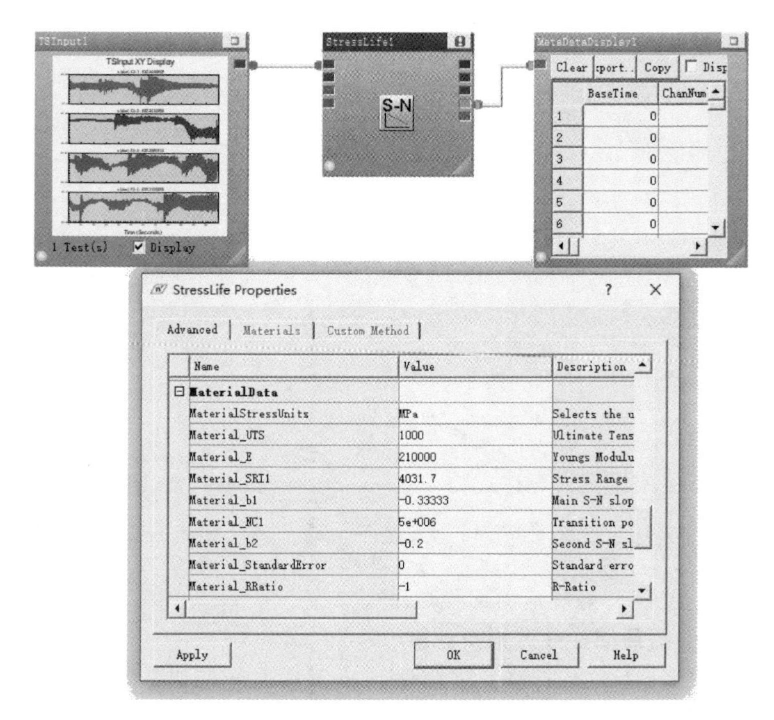

图 6-2　基于 Ncode 软件的疲劳分析界面

兰为内 L 型结构型式。

法兰基本参数包括：内外直径分别为 $D=3.8$m 和 $d=4.2$m；螺栓中心线圆周分布直径值（Pitch Circle Diameter，PCD）为 4.0m；上、下法兰厚度均为 140mm。

垫片基本参数包括内外直径分别为 49.4mm 和 92mm，厚度为 8mm。

螺栓基本参数包括规格 M48，应力面积 $A_s=1470\text{mm}^2$。螺栓为 10.9 级高刚度螺栓，即抗拉强度和屈服强度分别为 1000MPa 和 900MPa，螺栓预紧力为按照材料屈服强度的 70% 进行施加。该塔筒法兰螺栓个数为 110 个。

由上述参数可得外界拉力与螺栓应力的非线性关系，如图 6-3

所示。根据GL2010标准，获取得到塔筒法兰截面的70个疲劳载荷工况及数据，根据实际载荷和图6-3中的数据，通过线性插值的方法得到螺栓时序应力数据。根据疲劳损伤累积计算方法，以15°为间隔大致计算整圈螺栓的疲劳损伤值，得到图6-4所示的螺栓疲劳损伤分布图。

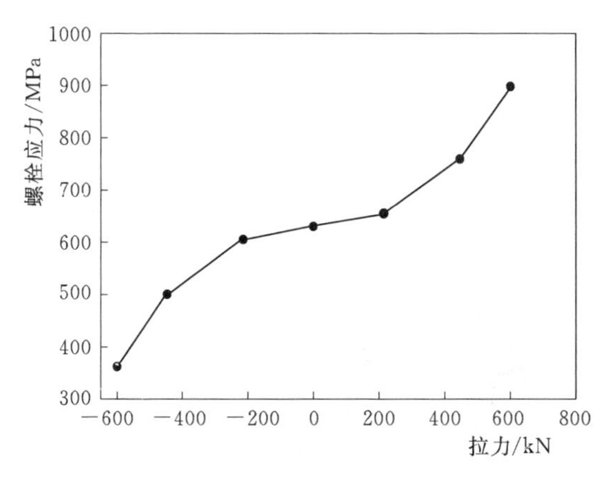

图6-3 外界拉力与螺栓应力的非线性关系

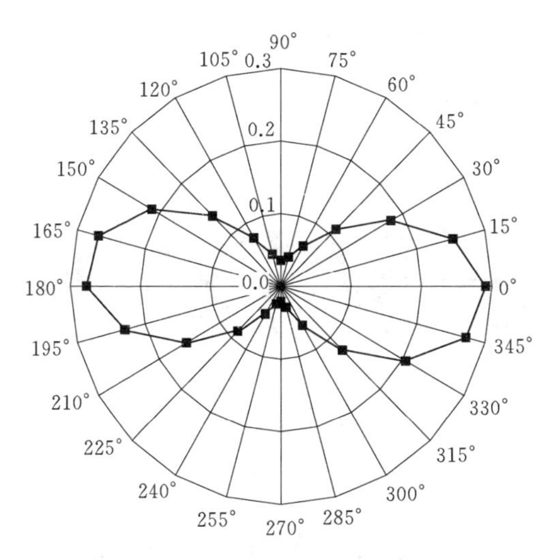

图6-4 螺栓疲劳损伤分布图

由图 6－4 可知，螺栓疲劳损伤分布图呈现出非对称性，最大累积损伤出现在 0°和 180°附近，这说明螺栓疲劳主要是由塔筒受弯矩作用引起。为了进一步得到较精确的结果，根据螺栓数量为 110 个，以 3.27°为间隔，细分 0°附近区域重新计算，得到图 6－5 所示的疲劳损伤分布。由图 6－5 可知，最大损伤点约发生在－3.27°处，其累积损伤值为 0.292，初始设计满足疲劳强度设计要求。考察不同螺栓中心线圆周分布直径、法兰内径和法兰厚度对螺栓累积损伤的影响时，在不加说明的情况下，仅考察－3.27°位置对应螺栓的累积损伤值。

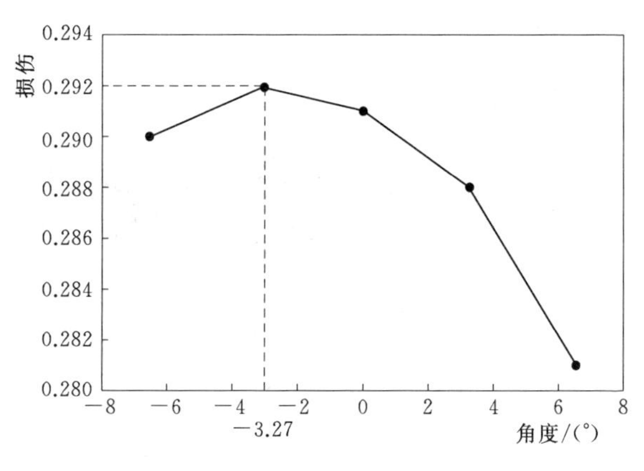

图 6－5　疲劳损伤分布

6.2.4　螺栓中心线圆周分布直径对螺栓疲劳强度的影响

不同 *PCD* 值下外界拉力与螺栓应力的非线性关系如图 6－6 所示，鉴于该非线性关系曲线具有点对称性，这里仅描绘出其外界拉力为正值对应部分。不同 *PCD* 值下螺栓疲劳分析结果见表 6－1。

表 6－1　　不同 *PCD* 值下螺栓疲劳分析结果

PCD/mm	Z_1/kN	Z_2/kN	累积损伤值
3970	178.68	419.06	1.51
3980	216.43	447.95	0.351

续表

PCD/mm	Z_1/kN	Z_2/kN	累积损伤值
3990	254.17	477.39	0.292
4000	219.92	507.41	0.292
4010	329.67	538.03	0.292

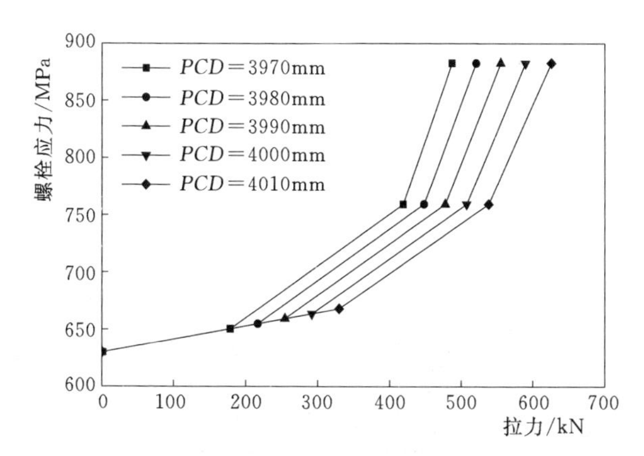

图 6-6　不同 PCD 值下外界拉力与螺栓应力的非线性关系

由图 6-6 可知，螺栓中心线圆周分布直径越大，外界拉力与螺栓应力非线性曲线拐点 Z_1 越大，由于曲线段第一段的斜率较小，这样将使得超过拐点的高应力值减小。由表 6-1 可知，当 PCD 值越大，即螺栓布置位置越靠近塔筒外径时，螺栓累积损伤值越小，反之则累积损伤值越大。当螺栓中心线圆周分布直径大于某一限值时，累积损伤值不再发生变化。当螺栓中心线圆周分布直径较小时，如 PCD=3970mm，则累积疲劳值大于 1，不再满足强度设计要求。在实际工程问题中，螺栓中心线位置受空间位置的限制，不可能无限制靠近塔筒外径。在实际的法兰设计时，可以根据空间情况，尽量将螺栓中心线位置向外布置。

6.2.5　法兰内径对螺栓疲劳强度的影响

在塔筒结构设计中，法兰外径值在一定程度上受到塔筒薄壁设计的约束。这里假设法兰外径和 PCD 值不变，不同法兰内径下外界拉力与螺栓应力的非线性关系如图6-7所示，不同法兰内径下的螺栓疲劳分析结果见表6-2。

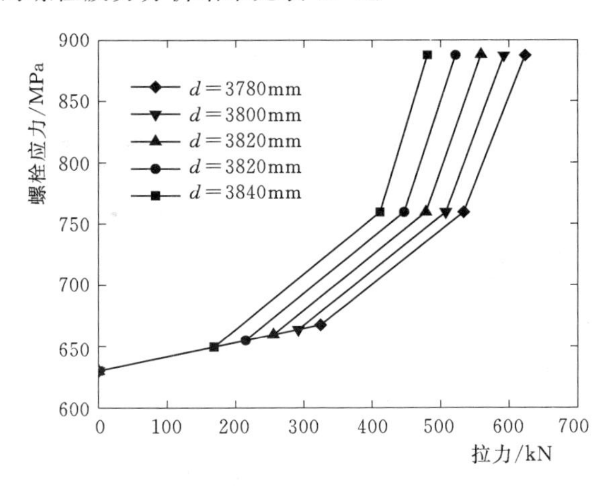

图6-7　不同法兰内径下外界拉力与螺栓应力的非线性关系

表6-2　　不同法兰内径下的螺栓疲劳分析结果

法兰内径/mm	Z_1/kN	Z_2/kN	累积损伤值
3780	324.61	533.89	0.292
3800	291.92	507.41	0.292
3820	255.48	478.42	0.292
3840	214.58	446.53	0.365
3860	168.38	411.27	2.450

由表6-2可知，当法兰外径和*PCD*值固定时，法兰内径增大会导致螺栓疲劳损伤显著增加，由图6-7可知，法兰内径对螺栓疲劳的影响与螺栓中心线对螺栓疲劳的影响类似。当法兰内径小于某一值时，则螺栓疲劳累积损伤值不再减小，但整个法兰重量增加，在此情况下，法兰存在着结构优化设计的余地。

6.2.6　法兰厚度对螺栓疲劳强度的影响

通过改变法兰厚度值，考察不同法兰厚度对螺栓疲劳强度的影响。不同法兰厚度下外界拉力与螺栓应力的非线性关系如图 6-8 所示，不同法兰厚度下螺栓疲劳分析结果见表 6-3。

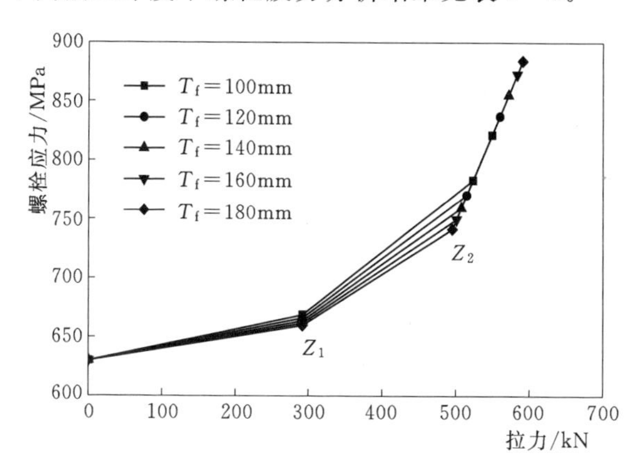

图 6-8 不同法兰厚度下外界拉力与螺栓应力的非线性关系

表 6-3 不同法兰厚度下螺栓疲劳分析结果

法兰厚度/mm	分配比例 p	分配比例 q	累积损伤值
100	0.195	0.805	0.543
120	0.182	0.818	0.397
140	0.170	0.830	0.292
160	0.160	0.840	0.214
180	0.150	0.850	0.158

由图 6-8 可知，法兰厚度增加，拐点 Z_1 和 Z_2 均有所降低，即在相同的外界拉力下，螺栓应力值下降。由表 6-3 可知，法兰厚度加厚将导致螺栓承载比例 p 减小，从而螺栓累积损伤值降低。

6.2.7 法兰结构优化设计

由上述分析过程可知，影响螺栓疲劳强度的法兰结构参数包括法兰内径、厚度和 PCD 值等。其中法兰内径的减小和法兰厚度增加均会导致法兰重量增加和螺栓疲劳损伤减小，故而初始设计在满足疲劳强度设计的要求下，结构存在着优化的余地。螺栓

布置位置的 PCD 值受实际空间的限制，应尽可能向塔筒外径方向布置，这里设定 $PCD_{max}=4m$。因此，法兰拓扑优化参数设定为法兰内径值 d 和法兰厚度 T_f。建立法兰结构优化列式，以结构重量最小化为目标，根据相对 Miner 法则，设置累积损伤限值为 0.5，即

$$\begin{aligned}\min:\quad & W=\pi(D^2-d^2)T_f\rho \\ \text{s.t.}\quad & D_{damage}(d,T_f)\leqslant 0.5 \\ & d_{min}\leqslant d\leqslant d_{max} \\ & T_{min}\leqslant T_f\leqslant T_{max}\end{aligned} \tag{6-13}$$

式中　　ρ——法兰材料（钢材）密度值；

$D_{damage}(d,\ T_f)$——累积损伤函数。

针对研究对象，这里设定 $3750mm\leqslant d\leqslant 3950mm$，$80mm\leqslant T_f\leqslant 180mm$。

式（6－13）优化求解的难点在于，$D_{damage}(d,\ T_f)$ 为设计变量的隐式函数，采用一阶泰勒展开进行显式化表达，即

$$\begin{aligned}D_{damage}(d,T_f)\approx & D_{damage}(d^{(k)},T_f^{(k)}) \\ & +\frac{\partial D_{damage}}{\partial d}\bigg|_{d-d^{(k)}}(d-d^{(k)})+\frac{\partial D_{damage}}{\partial T_f}\bigg|_{T_f-T_f^{(k)}}(T_f-T_f^{(k)})\end{aligned} \tag{6-14}$$

式中　k——优化迭代第 k 轮。

由于式（6－14）中微分无法直接计算获取，这里采用差分法取代微分，即通对设计变量进行微小扰动，根据两次疲劳分析结果，可以采用差分法近似得到微分数值。为了稳定优化求解，在每一轮优化迭代过程中，设置运动极限（move limit），即在每一轮优化迭代中

$$\left.\begin{aligned}\max(3759,d^{(k)}+m_d)\leqslant d\leqslant\min(3950,d^{(k)}+m_d) \\ \max(80,T_f^{(k)}-m_h)\leqslant T_f\leqslant\min(180,T_f^{(k)}+m_h)\end{aligned}\right\} \tag{6-15}$$

式中　m_{d}，m_{h}——塔筒内径和厚度变量的运动极限值。

将式（6-14）代入式（6-13）进行优化求解，更新设计变量后，重新建立优化列式，直至优化迭代满足收敛条件截止，即

$$|W^{(k)}-W^{(k-1)}|/W^{(k)}\leqslant 1\% \tag{6-16}$$

每一轮优化迭代结果见表6-4。优化迭代历程如图6-9所示，优化后的法兰内径和厚度分别为3832mm和107mm，对应的螺栓疲劳累积损伤值为0.499，减重比例约30%。由此可知，提出方法能实现塔筒法兰的轻量化设计。

表6-4　　　　　　　　　　优化迭代结果

迭代次数	法兰内径/mm	法兰厚度/mm	重量比	累积损伤值
0	3800	140	1.00	0.292
1	3820	130	0.88	0.341
2	3840	120	0.78	0.484
3	3839	110	0.71	0.538
4	3832	105	0.69	0.515
5	3832	107	0.71	0.499

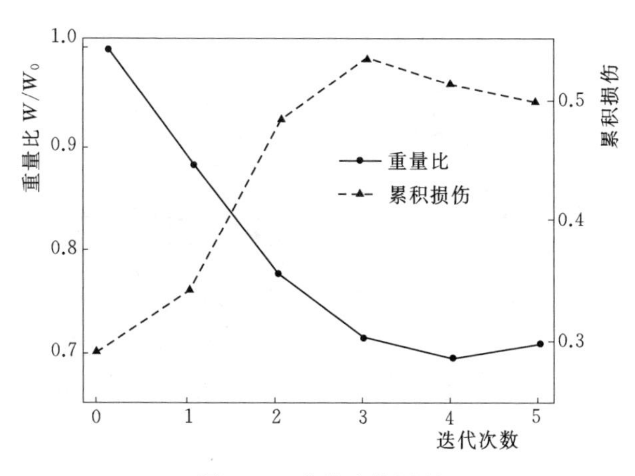

图6-9　优化迭代历程

6.3 基于有限元法的螺栓疲劳强度校核

6.3.1 无间隙法兰 FE 建模

尽管 Schmidt - Neuper 模型在风电机组塔筒法兰螺栓疲劳强度校核中得到了广泛的应用，并被 GL2010 标准推荐为一种较为保守的设计方法。但迄今为止，缺乏考虑法兰间隙的螺栓强度设计方法。相比较而言，有限元法因具有通用性强、计算精度高等优点，可以针对各种复杂法兰螺栓系统进行疲劳强度校核，能定量考察不同法兰间隙参数对螺栓疲劳损伤的影响。因此，采用在非线性 FE 模型，定量考察各类塔筒法兰间隙对螺栓疲劳损伤的影响程度，然而与 Schmidt - Neuper 算法结果进行对比，从而研究塔筒法兰间隙对螺栓疲劳损伤的影响机理。

建立如图 6 - 10 所示的单伞面法兰 FE 模型，所有部件采用六面体网格离散，法兰之间以及法兰、垫片之间建立非线性接触对，摩擦系数设为 0.1。下法兰底端固定，上法兰顶端施加均布载荷。螺栓采用梁单元模拟，采用预紧力单元施加设定的预紧

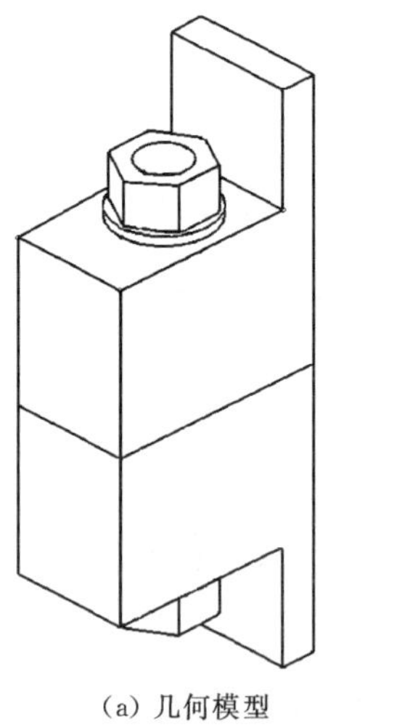

(a) 几何模型

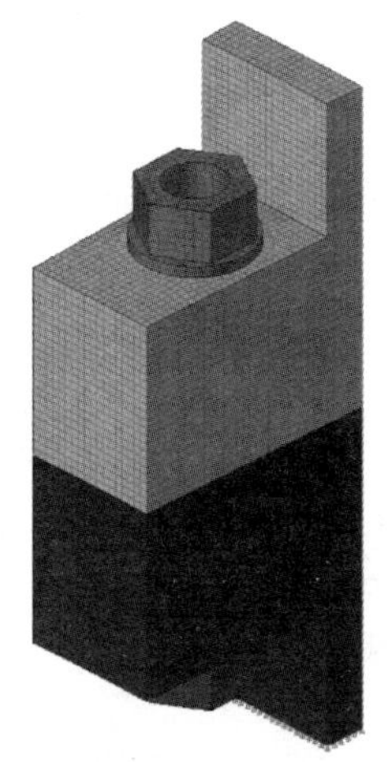

(b) 网络模型

图 6 - 10　单伞面法兰 FE 模型

力。有限元网格模型共含 38281 个节点和 33154 个单元。

采用 Schmidt - Neuper 模型和 FE 模型两种不同方法下的外界拉力和螺栓内力的结果对比见表 6 - 5，两种方法下的外界拉力与螺栓内力的非线性关系如图 6 - 11 所示。由于 FE 模型可以得到任意外载下的螺栓内力值，表 6 - 5 中罗列仅为部分 FE 分析结果。

表 6 - 5　两种不同方法下的外界拉力和螺栓内力结果对比 单位：kN

外界拉力	Schmidt - Neuper 结果	FE 结果
-600	532.1	914.6
-400	735.9	918.4
-200	876.4	922.2
0	926.1	926.1
200	975.8	929.9
400	1116.3	948.7
600	1320.1	1148.3

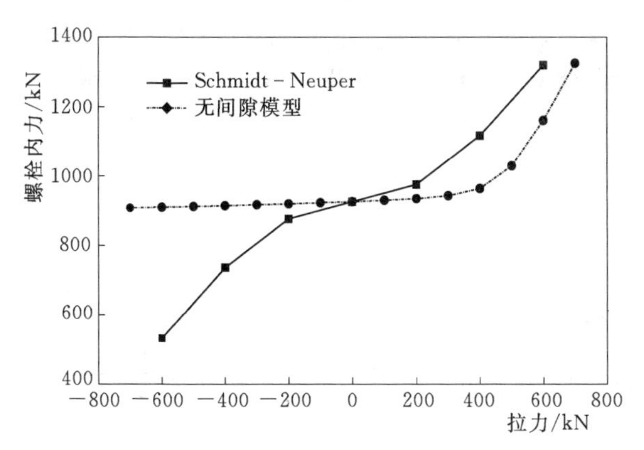

图 6 - 11　两种方法下的外界拉力与螺栓内力的非线性关系

由图 6 - 11 可知，与 Schmidt - Neuper 模型对比可知，采用 FE 模型计算得到的螺栓内力曲线具有拉压非对称性，在塔筒薄壁受压时，螺栓内力变化较为平缓；在相同的外界拉力下，FE

模型结果中的螺栓内力值较小，由此可以推断，基于 Schmidt - Neuper 模型的螺栓疲劳校核具有保守设计的工程意义。

6.3.2 间隙模型分类

GL2010 标准规定，在不考虑法兰间隙的情况下，螺栓内力和外界拉力之间关系的确定不允许采用 FE 方法。但迄今为止，缺少考虑法兰间隙的 FE 计算方法见诸文献。而类似的研究在叶片根部的螺栓强度校核中有所体现。6.2 节对比了无间隙法兰 FE 模型和 Schmidt - Neuper 模型结果。以下将进一步建立三类法兰间隙模型，定量考察间隙方式和间隙量对螺栓内力的影响。值得注意的是，在实际工程问题中，法兰间隙可能会呈现出非规则方式，但本节讨论的间隙方式能有效揭示法兰间隙对螺栓疲劳强度影响的规律，得到有益的工程结论，对于法兰的设计、安装与维护等仍具有参考意义。为方便讨论，采用以下规则间隙方式获得外界拉力与螺栓内力的关系。

三种法兰间隙如图 6 - 12 (a) 所示，其中：法兰间隙类型Ⅰ出现在法兰内径边缘，开口高度为 $h_{Ⅰ}$，假设仅上法兰间隙呈张口方式，从边缘开始沿着法兰间隙面延伸长度为 $l_{Ⅰ}$；间隙类型Ⅱ与间隙类型Ⅰ方向相反，开口高度为 $h_{Ⅱ}$，间隙延伸长度为 $l_{Ⅱ}$；法兰间隙类型Ⅲ以上下法兰沿周向一侧交线为旋转轴，上

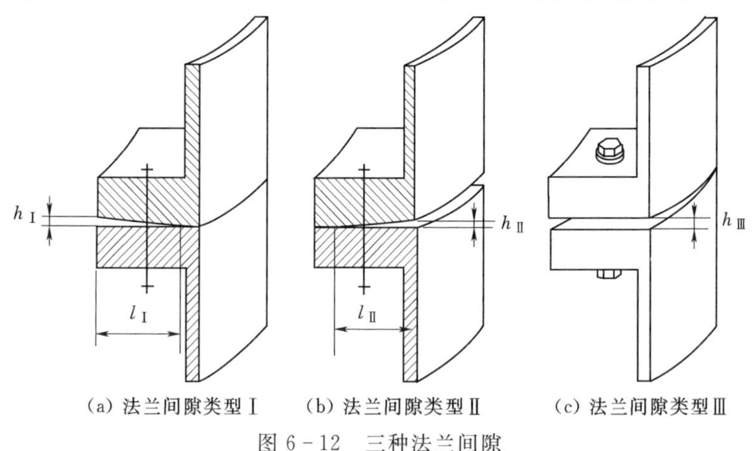

(a) 法兰间隙类型Ⅰ　(b) 法兰间隙类型Ⅱ　(c) 法兰间隙类型Ⅲ

图 6 - 12　三种法兰间隙

法兰沿周向方向旋转在法兰另外一侧可形成间隙，开口高度为 h_{III}。

1. 间隙类型Ⅰ

固定开口高度值 $h_{\mathrm{I}}=1\mathrm{mm}$，考察不同 l_{I} 值对外界拉力与螺栓内力的变化规律，部分数值结果见表 6-6，为方便对比，外界拉力与螺栓内力的非线性关系如图 6-13 所示。

表 6-6　　外界拉力与螺栓内力计算结果　　单位：kN

外界拉力	$l_{\mathrm{I}}=80\mathrm{mm}$	$l_{\mathrm{I}}=90\mathrm{mm}$	$l_{\mathrm{I}}=100\mathrm{mm}$
−600	937.1	944.7	959.3
−400	935.0	941.9	953.4
−200	932.7	937.9	937.0
0	926.1	926.1	926.1
200	993.8	992.1	979.1
400	1087.9	1075.3	1036.9
600	1198.9	1174.9	1157.7

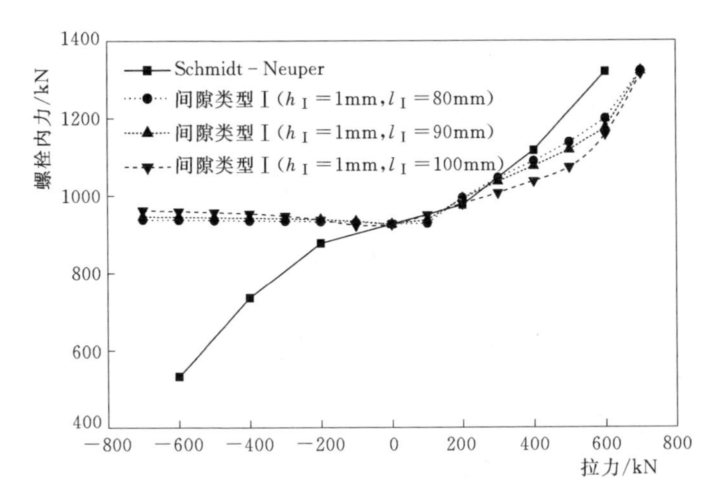

图 6-13　外界拉力与螺栓内力的非线性关系

由图 6-13 可知，与 Schmidt-Neuper 曲线对比，螺栓内力对法兰的此类间隙具有高度敏感性，表现在当开口高度值较小，间隙延伸长度没有超过螺栓孔位置时，螺栓内力在低拉力区高于 Schmidt-Neuper 曲线，且在相同拉力作用下，随着 l_{I} 的增大，螺栓内力不断减小；当法兰承受外界压力时，由于间隙对其受压载荷有补偿作用，导致螺栓内力沿反向缓慢增加。另外，当压力相同时，螺栓内力随 l_{I} 的变化成正相关。

固定 $l_{\mathrm{I}}=100\mathrm{mm}$，考察不同 h_{I} 值下外界拉力与螺栓内力的变化规律，部分数值结果见表 6-7。为方便对比，外界拉力与螺栓内力的非线性关系如图 6-14 所示。

表 6-7　外界拉力与螺栓内力计算结果　单位：kN

外界拉力	$h_{\mathrm{I}}=0.5\mathrm{mm}$	$h_{\mathrm{I}}=1.0\mathrm{mm}$	$h_{\mathrm{I}}=2.0\mathrm{mm}$
-600	918.6	959.3	1022.3
-400	917.8	953.4	1014.0
-200	917.6	937.0	990.2
0	926.1	926.1	926.1
200	952.7	979.1	996.4
400	995.8	1036.9	1058.9
600	1153.2	1157.7	1153.3

由图 6-14 可知，当间隙延伸长度固定时，增加开口高度，螺栓内力在法兰拉压状态下的变化规律与上文固定开口高度时的规律类似。这是由于增加了开口高度，导致螺栓孔处的间隙增大，法兰在受拉时承受更多的负面影响；在受压时由于补偿作用，螺栓内力沿反向不断加大。

2. 间隙类型Ⅱ

固定开口高度值 $h_{\mathrm{II}}=1\mathrm{mm}$，考察不同 l_{II} 值下外界拉力与螺栓内力的变化规律，部分数值结果见表 6-8。为方便对比，外界拉力与螺栓内力的非线性关系如图 6-15 所示。

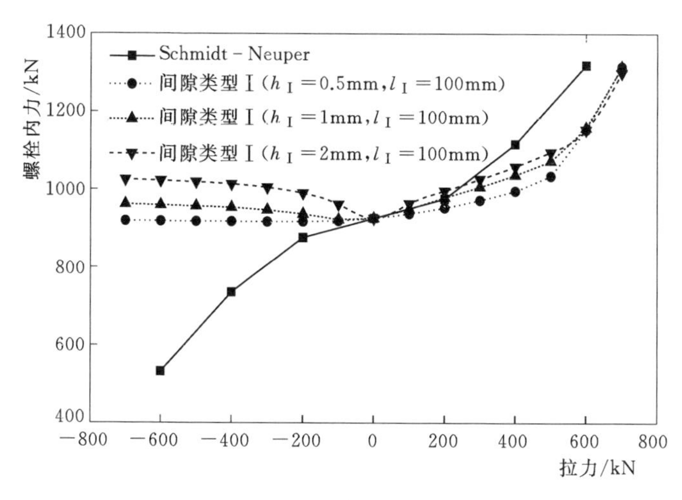

图 6-14　外界拉力与螺栓内力的非线性关系

表 6-8　　外界拉力与螺栓内力计算结果　　单位：kN

外界拉力	$l_{Ⅱ}=80mm$	$l_{Ⅱ}=90mm$	$l_{Ⅱ}=100mm$
−600	962.8	947.6	942.4
−400	945.8	941.3	939.0
−200	908.7	924.0	933.7
0	926.1	926.1	926.1
200	963.6	982.3	1005.9
400	1001.5	1031.4	1069.4
600	1161.5	1172.4	1187.1

由图 6-15 可知，对于间隙模型Ⅱ，当开口高度值较小，且间隙延伸长度没有超过螺栓孔位置时，螺栓内力在低拉力区高于 Schmidt-Neuper 曲线，且在相同拉力作用下，螺栓内力随 $l_{Ⅱ}$ 的增大而增大。

3. 间隙类型Ⅲ

当 $h_{Ⅲ}$ 值变化时，外界拉力和螺栓内力计算结果见表 6-9。为方便对比，外界拉力与螺栓内力的非线性关系如图 6-16 所示。

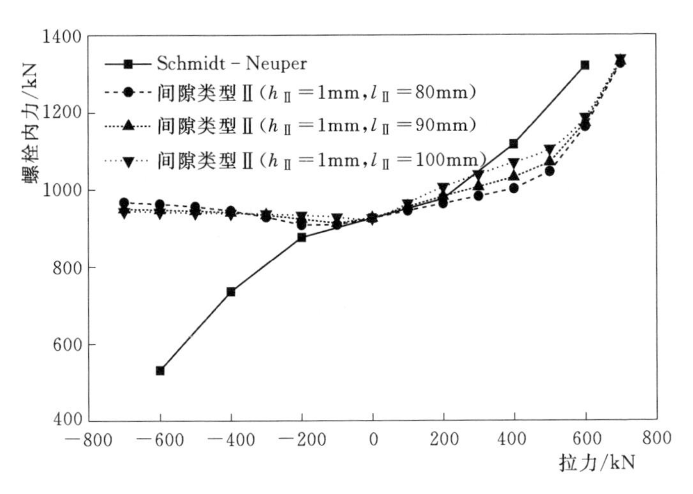

图 6-15 外界拉力与螺栓内力的非线性关系

表 6-9　　外界拉力与螺栓内力计算结果　　单位：kN

外界拉力	$h_{Ⅲ}$=2mm	$h_{Ⅲ}$=4mm	$h_{Ⅲ}$=6mm
−600	910.1	863.2	859.2
−400	914.6	881.8	881.4
−200	919.1	903.6	903.6
0	926.1	926.1	926.1
200	934.8	948.8	948.8
400	963.6	979.1	979.2
600	1160.4	1215.1	1215.6

由结果可知，即使当外界拉力较大时，对应的非线性关系曲线仍低于 Schmidt - Neuper 曲线，且非常接近无间隙模型曲线，可见螺栓内力对Ⅲ型间隙量不敏感。

6.3.3 各间隙法兰螺栓疲劳损伤计算

根据外界拉力与螺栓内力的非线性关系，采用线性插值方法获得螺栓的内力和时序应力数据。塔筒主要承受弯矩载荷为主，在塔筒坐标系中，0°和 180°附近螺栓主要承受压力和拉力作用，

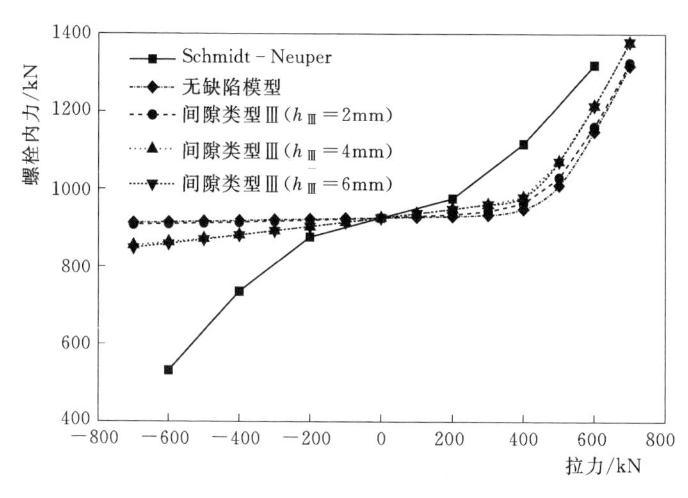

图 6-16　外界拉力与螺栓内力的非线性关系

这里以塔筒坐标系 180°处螺栓为研究对象，采用雨流计数和 Miner 法则，计算疲劳累积损伤。假设三种间隙下法兰参数包括：$h_{Ⅰ}=1mm$，$l_{Ⅰ}=90mm$；$h_{Ⅱ}=1mm$，$l_{Ⅱ}=90mm$；$h_{Ⅲ}=6mm$。Schmidt - Neuper 算法、无间隙模型和上述间隙法兰模型计算得到的螺栓疲劳损伤值见表 6-10。

表 6-10　　不同方案下的螺栓累积疲劳损伤值

方案描述	螺栓累积损伤值	方案描述	螺栓累积损伤值
Schmidt - Neuper 算法	0.29	间隙类型Ⅱ	2.07
无间隙模型	5.61×10^{-6}	间隙类型Ⅲ	3.82×10^{-2}
间隙类型Ⅰ	3.03		

由表 6-10 可知，相对于 Schmidt - Neuper 算法，在考虑塔筒法兰间隙前后，FE 方法计算出的螺栓疲劳累积损伤值差异较大；螺栓疲劳损伤对Ⅰ型和Ⅱ型法兰间隙类较为敏感，即使间隙值较小，但螺栓疲劳损伤值急剧增大，罗列参数下的损伤值超过 Schmidt - Neuper 算法下的累积损伤值；Ⅲ型间隙对螺栓疲劳累积损伤的影响较弱，在此类间隙较大时（$h_{Ⅲ}=6mm$），计算出螺

栓疲劳损伤值与 Schmidt - Neuper 算法仍有很大差距。

6.4 本章小结

本章内容可以分为两大部分，即基于 Schmidt - Neupuer 模型进行法兰螺栓疲劳强度计算和基于有限元法进行了含缺陷的法兰-螺栓系统计算。

基于 Schmidt - Neuper 模型建立了外界拉力与螺栓应力的非线性关系，由给定的时序载荷线性插值计算得到螺栓时序应力，采用雨流计数和 Miner 线性累积损伤理论得到整圈螺栓疲劳累积损伤分布，结论如下：

(1) 塔筒坐标系内螺栓疲劳损伤具有非对称性，最大累积损伤出现在 0°和 180°附近，这说明螺栓疲劳主要是由塔筒受弯矩作用引起。

(2) 单独增加法兰厚度和螺栓中心线圆周分布直径以及减小法兰内径会降低螺栓疲劳损伤，但整个法兰重量增加，在此情况下，法兰存在着结构优化设计的余地。

(3) 优化结构满足疲劳损伤设计要求，螺栓累积损伤处于设定的约束值状态，相比较初始结构，优化结构总重量大幅下降，证明了所用优化模型的可行性。在实际的法兰设计中，还需要兼顾螺栓的极限强度、法兰的极限与疲劳强度等，这些机械性能均可以以约束方程形式纳入优化模型中。

针对大型风电机组塔筒法兰螺栓连接系统，应用有限元法考察不同法兰间隙对螺栓疲劳损伤的影响，如图 6 - 17 所示，其结论如下：

(1) FE 计算得到的外界拉力与螺栓内力曲线在拉压两侧具有不一致性。Schmidt - Neuper 工程算法的设计偏保守。

(2) 当承受外界压力时，由于间隙对其受压载荷有补偿作用，导致螺栓内力随着压力的增加沿反向不断增大。

(3) 特定法兰间隙形式能显著影响螺栓疲劳损伤，螺栓疲劳受法兰间隙类型Ⅰ和法兰间隙类型Ⅱ的影响较大，对法兰间隙类型Ⅲ不敏感。在塔筒法兰的制造和加工过程中，应尽量避免法兰间隙类型Ⅰ和法兰间隙类型Ⅱ结构的出现。

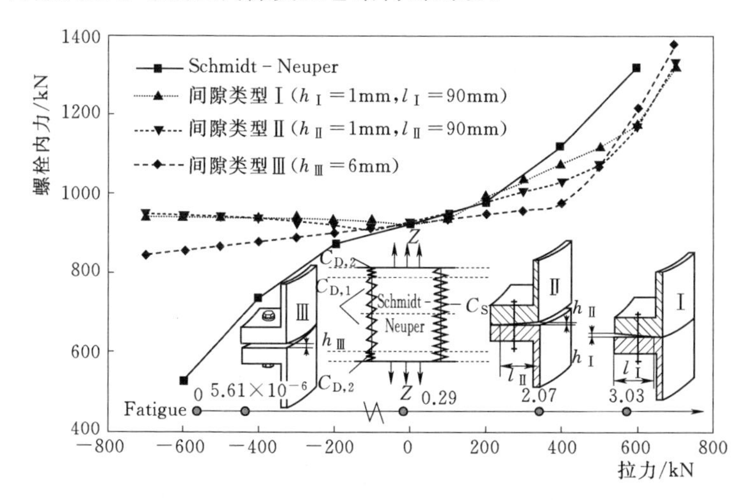

图 6-17　不同法兰间隙对螺栓疲劳损伤的影响

第7章　塔筒涡激振动焊缝疲劳分析

7.1 引　　言

分析对比了有限元法和 GH Bladed 计算的塔筒动态固有特性结果。在此基础上，参考 GL2010 标准和 DIN4133 标准，分析不同塔筒段的涡激振动特性，计算得到塔筒截面惯性力和附加弯矩的结果。应用工程算法计算得到塔筒焊缝截面应力变程，根据焊缝疲劳强度等级，推导了焊缝疲劳许用次数和疲劳损伤表达式。针对某 2.0MW 水平轴风电机组塔筒进行了涡激振动疲劳强度分析。提出的方法可以作为一种实用大型水平轴风电机组塔筒涡激振动疲劳强度校核方法[49]。

7.2 塔筒频率分析

基于 Focus 计算得到塔筒固有频率值见表 7-1。

表 7-1　基于 Focus 计算得到的塔筒固有频率　　单位：Hz

各阶模态	频率值	各阶模态	频率值
一阶左右弯曲	0.334	二阶前后弯曲	2.107
一阶前后弯曲	0.331	三阶左右弯曲	3.766
二阶左右弯曲	1.570		

已知风电机组风轮转速范围为 7.5～18.11rad/s，风轮转速对应频率为 $P_{min} \sim P_{max}$，则有

$$\begin{cases} 1P_{min}/f_{o,1}=0.3666<0.95 \\ 1P_{max}/f_{o,1}=0.8851<0.95 \\ 3P_{min}/f_{o,1}=1.0997>1.05 \\ 3P_{max}/f_{o,1}=2.6554>1.05 \end{cases} \tag{7-1}$$

式中 $1P_{min}$——1 倍风轮转速对应频率的最小值；

$1P_{max}$——1 倍风轮转速对应频率的最大值；

$3P_{min}$——3 倍风轮转速对应频率的最小值；

$3P_{max}$——3 倍风轮转速对应频率的最大值。

根据 GL2010 标准，塔筒结构固有频率初步满足设计要求。

7.3 塔筒涡激振动分析

塔筒涡激振动模拟包括有限元法和工程算法两类方法。相比较而言，工程算法校核方法具有简单易行且设计保守的优点。本节基于 GL2010 标准和 DIN4133 标准等分析塔筒涡激振动。根据 DIN4133 标准，涡激振动的临界速度为

$$v_{crit}=\frac{df}{Sr} \tag{7-2}$$

式中 d——薄壁圆筒外径，通常情况下选取塔筒段高度 5/6 处的外径值；

f——塔筒固有频率值；

Sr——斯特劳哈尔数，对于圆形截面，S 可取值 0.18～0.20[50]。

若式（7-2）计算的临界风速大于平均风速的 1.25 倍，则不易激发塔筒的涡激共振，无须进行强度校核。

临界风速对应的雷诺数 Re 为

$$Re=\frac{d\nu_{crit}}{\nu} \tag{7-3}$$

式中 ν——空气运动黏度。当雷诺数值较大时，表明塔筒受黏性力较小，惯性力为主要受力形式。

对于圆柱扰流问题，圆柱体后的脱涡和尾流情况与雷诺数相关。空气动力引起的激励力系数基本数值 c_{1at}^{*}的表达式为

$$c_{1\mathrm{at}}^{*}=\begin{cases}0.7 & 10^4\leqslant Re\leqslant 3\times10^5\\ -2.5\times10^{-6}Re+1.45 & 3\times10^5<Re\leqslant 5\times10^5\\ 0.2 & ,5\times10^5<Re\leqslant 5\times10^6\\ 0.2\times10^{-7}Re+0.1 & 5\times10^6<Re\leqslant 1\times10^7\\ 0.3 & 1\times10^7<Re\leqslant 3\times10^7\end{cases} \tag{7-4}$$

空气动力引起的激励力系数 $c_{1\mathrm{at}}$ 同临界风速有关，参考 DIN4133 标准，根据实际塔筒安装情况，参考与标准类似风区，$c_{1\mathrm{at}}$表达式为

$$c_{1\mathrm{at}}=\begin{cases}c_{1\mathrm{at}}^{*} & v_{\mathrm{crit}}\leqslant 20\mathrm{m/s}\\ \dfrac{30-v_{\mathrm{crit}}}{10}\cdot c_{1\mathrm{at}}^{*}, & 20\mathrm{m/s}<v_{\mathrm{crit}}\leqslant 30\mathrm{m/s}\\ 0 & 30\mathrm{m/s}<v_{\mathrm{crit}}\end{cases} \tag{7-5}$$

第 i 段塔筒振幅比定义为

$$\Phi(z)=\frac{y(z)}{\max y} \tag{7-6}$$

式中　$y(z)$——塔筒振型，可由有限元分析或 Focus 软件计算得到。

塔筒横振后的最大振幅表达式为

$$\max y_{\mathrm{F}}=K_{\mathrm{W}}Kc_{1\mathrm{at}}\cdot\frac{1}{S^2}\cdot\frac{1}{Sc}\cdot d \tag{7-7}$$

式中　K_{W}——长度系数；

K——振动模态系数，对于近似等截面悬臂梁，可近似取值为 0.13；

Sc——Scruton 数（Scruton number），其表达式为

$$Sc=\frac{2M\delta}{\rho d^2} \tag{7-8}$$

式中　δ——结构阻尼；

ρ——塔筒材料密度；

M——单位长度等效质量，其表达式为

$$M=\frac{\sum_i m_i\Phi_i^2}{\sum_i \Delta h_i\Phi_i^2} \tag{7-9}$$

式中　Δh_i——第 i 段塔筒的长度。

长度系数 K_W 的表达式为

$$K_W=3\,\frac{\frac{L_1}{d}}{\frac{h_p}{d}}\left[1-\frac{\frac{L_1}{d}}{\frac{h_p}{d}}+\frac{1}{3}\left(\frac{\frac{L_1}{d}}{\frac{h_p}{d}}\right)^2\right] \tag{7-10}$$

式中　L_1——工作长度（working length）；

h_p——计算 K_W 时的塔筒高度，根据实际情况取值方式可参考 DIN4133 标准。

塔筒截面惯性力值为

$$F=m_i(2\pi f)^2\max y_F \tag{7-11}$$

作用在第 i 段塔筒上惯性力在截面上产生叠加弯矩，该弯矩是作用在第 i 段塔筒以上部分所有惯性力引起的合成结果，其表达式为

$$M_i=(F_i+F_{i+1}+\cdots)h_i+M_{i+11} \tag{7-12}$$

7.4　塔筒焊缝疲劳强度分析

塔筒段间采用对接焊方式焊接，焊接方式会引起应力集中现象，设应力集中系数为 k_f。当塔筒厚度值大于 25mm 时，材料强度会有所减少，假设厚度缩减因子为 k_s。其 k_s 数学表达式为

$$k_s=\min\left[1,\left(\frac{25}{t}\right)^{0.3}\right] \tag{7-13}$$

式中　t——塔筒壁厚，mm。

塔筒截面应力变程为

$$\Delta\sigma=2\sigma_M=\frac{k_f}{k_s}\frac{2M}{\pi r^2 t\cos\theta} \tag{7-14}$$

已知应力变程 $\Delta\sigma$，则许用次数为

$$N_{\mathrm{allow}}=\begin{cases}2\times10^{6}\times\left(\dfrac{DC}{\Delta\sigma}\right)^{3}, & \Delta\sigma\geqslant\Delta\sigma_{\mathrm{B}}\\ 5\times10^{6}\times\left(\dfrac{\Delta\sigma_{\mathrm{B}}}{\Delta\sigma}\right)^{5}, & \Delta\sigma<\Delta\sigma_{\mathrm{B}}\end{cases} \tag{7-15}$$

根据 GL2010 标准[1]，假设风速为威布尔分布，则在一年发生频次为

$$N_{\mathrm{ref}}=6.3\times10^{7}f\varepsilon_{0}\left(\frac{v_{\mathrm{crit}}}{v_{0}}\right)^{2}\mathrm{e}^{-\left(\frac{v_{\mathrm{crit}}}{v_{0}}\right)^{2}} \tag{7-16}$$

式中　f——塔筒段频率；

ε_0——涡激振动的带宽系数，可取值 $\varepsilon_0=0.3$；

v_0——参考风速，这里取值 5m/s。

考虑到局部安全系数 γ_{M}，根据疲劳损伤定义有

$$D=\frac{N_{\mathrm{ref}}}{\gamma_{\mathrm{M}}N_{\mathrm{allow}}} \tag{7-17}$$

设从塔筒底部至顶部，塔筒段分别为 1～3，组合方案 1～3 描述如表 7-2 所示，而方案 4 包括了整个塔筒及顶部结构件，不同塔筒组合方案下的一阶固有频率值见表 7-2。

表 7-2　不同塔筒组合方案下的一阶固有频率

方案类型	描　述	一阶频率/Hz
方案 1	塔筒段 1	9.697
方案 2	塔筒段 1、塔筒段 2	2.202
方案 3	塔筒段 1～塔筒段 3	0.872
方案 4	整个风电机组	0.341

塔筒涡激振动计算参数见表 7-3。

表 7-3　塔筒涡激振动计算参数

参数名称	数值	参数名称	数值
斯特劳哈尔数 Sr	0.20	结构阻尼系数	0.015
运动黏度 υ	1.5×10^{-5}		

各方案下，DIN4133 计算参数见表 7－4。

表 7－4　　基于 DIN4133 计算参数

方案	$D_{5/6h}$/m	v_{cit}	Re	c_{lat}^{*}	c_{lat}
方案 1	3.8783	188.04	4.86×10^{7}	0.3	0
方案 2	3.3192	36.54	8.09×10^{6}	0.262	0
方案 3	2.6989	11.77	2.12×10^{6}	0.20	0.2
方案 4	2.6989	4.60	8.28×10^{5}	0.20	0.2

由表 7－4 可知，当安装塔筒段 1 和塔筒段 2 时，计算临界风速较大，则 $c_{lat}=0$，故而没有必要对其进行涡激振动强度校核。反之，需要进行强度校核的方案 3 和方案 4 用到的疲劳参数见表 7－5。

表 7－5　　焊缝疲劳损伤计算参数

参数名称	数值	参数名称	数值
DC	71MPa	局部安全系数 γ_M	1.265

GL2010 标准中分别定义不包括和包括机舱在内塔筒涡激振动疲劳损伤为 $D_{Q,0}$ 和 $D_{Q,1}$。$D_{Q,1}$ 按照设计寿命的 1/20 进行校核，而 $D_{Q,0}$ 则根据实际安装情况等校核。为保守起见，这里对 $D_{Q,0}$ 和 $D_{Q,1}$ 分别按照一年和一周时间校核。方案 3 沿塔筒高度方向的损伤分布如图 7－1 所示，方案 4 沿塔筒高度方向的损伤分布如图 7－2 所示。

疲劳损伤沿着塔筒高度方向先增大后减小，极大值点均发生在塔筒段 5/6 高度附近。当塔筒空置时，最大疲劳损伤值为 0.191，结果定量说明，若塔筒空置时间较长，塔筒焊缝将产生不可忽略的疲劳损伤。由于方案 4 塔筒顶部质量较大，结构固有频率偏低，由式（7－11）和式（7－12）可知，惯性力和叠加弯矩较小，最终导致疲劳损伤值较小，焊缝处的疲劳累计损伤仍需要根据风电机组运行时的载荷大小进行进一步确定。由计算结果可知，可以说明该塔筒满足强度设计要求。

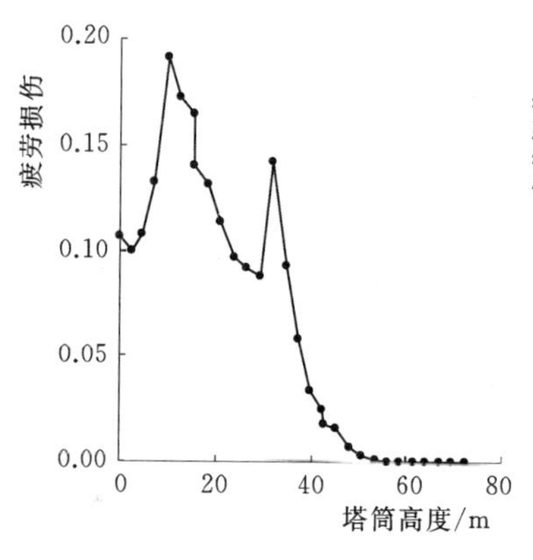

图 7-1 方案 3 沿塔筒高度方向的损伤分布

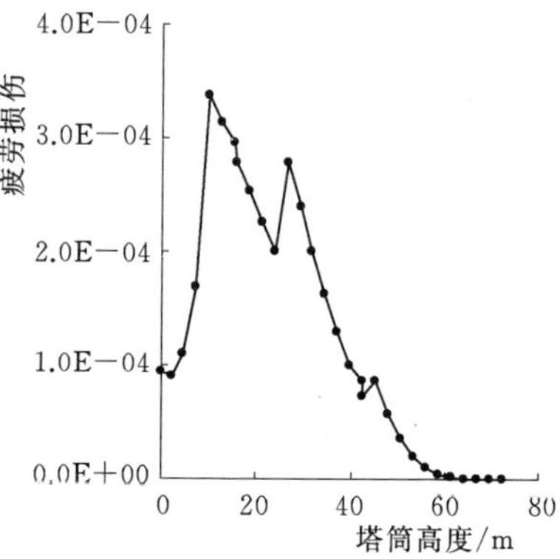

图 7-2 方案 4 沿塔筒高度方向的损伤分布

7.5 本章小结

研究了大型水平轴风电机组塔筒涡激振动引发的疲劳强度分析方法。针对某一水平轴风电机组塔筒，数值分析结果表明：

(1) 方案 1、方案 2 即塔筒段 1、筒段 2 和组合方案，由于涡激振动临界风速大于实际风速，故而没有必要进行涡激振动强度分析。

(2) 方案 3 无塔筒顶部质量，故而塔筒频率较高，导致涡激振动下的惯性力、附加力矩值大，引起了较大的疲劳损伤。对于实际工程而言，安装塔筒时的空置时间要进行严格控制。

(3) 根据焊缝强度等级，推导了疲劳许用次数和损伤表达式，提出的方法可以作为一种较实用大型水平轴风电机组塔筒涡激振动疲劳强度校核方法。

参考文献

[1] GL Wind Guideline：Guideline for the certification of wind turbines [S]. Hamburg：Germanischer Lloyd WindEnergie GmbH 2010.

[2] 赵阳，滕锦光. 轴压圆柱钢薄壳稳定设计综述 [J]. 工程力学，2003，20 (6)：116-129.

[3] ENV 1993-1-6. Eurocode 3：Design of Steel Structures，Part 1-6：General Rules：Supplementary Rules for Shell Structures [S]. European Committee forStandardization，Brussels，1999.

[4] 赵世林，李德源，黄小华. 风力机塔架在偏心载荷作用下的屈曲分析 [J]. 太阳能学报，2010，31 (7)：901-906.

[5] 陈严，田鹏，刘雄，等. 水平轴风力机锥形塔筒的静动态特性研究 [J]. 太阳能学报，2010，31 (10)：1359-1365.

[6] Uys P E，Farkas J，Jarmai K，et al. Optimization of a steel tower for a wind turbine structure [J]. Engineering Structures，2007，29：1337-1342.

[7] 林晓龙. 高强度螺栓的应力分析及结构疲劳强度优化 [D]. 东北大学，2012.

[8] 顾伯勤，陈晔. 高温螺栓法兰连接的紧密性评价方法 [J]. 润滑与密封，2006 (6)：39-41.

[9] 贾玉红，何景武. 现代飞行器制造工艺学 [M]. 北京：北京航空航天大学出版社，2010.

[10] 周燕，雷宏刚，李铁英. 摩擦型高强度螺栓抗剪连接研究进展及评述 [J]. 建筑结构，2019，49 (14)：62-68.

[11] 杜运兴，欧阳卿，周芬. 螺栓杆应力集中系数的研究 [J]. 工程力学，2014，31 (10)：174-180.

[12] Liao R，Sun Y，Zhang W. Nonlinear analysis of axial-load and stress distribution for threaded connection [J]. Chinese Journal of Mechanical Engineering，2009 (6)：869.

[13] Liao R，Sun Y，Liu J，et al. Applicability of damage models for failure analysis of threaded bolts [J]. Engineering Fracture Mechanics，2011，78 (3)：514-524.

[14] Luan Y, Guan Z Q, Cheng G D, et al. A simplified nonlinear dynamic model for the analysis of pipe structures with bolted flange joints [J]. Journal of Sound and Vibration, 2012, 331 (2): 325-344.

[15] Ma B, Zhu Y, Jin F, et al. A lightweight optimal design model for bolted flange joints without gaskets considering its sealing performance [J]. Proceedings of the Institution of Mechanical Engineers, Part E: Journal of Process Mechanical Engineering, 2018, 232 (2): 234-255.

[16] 史文博，杜静，龚国伟. 风电机组轮毂螺栓连接建模与接触强度分析 [J]. 机械设计与制造，2019，(12)：169-172.

[17] 喻光安，秦志文，荣晓敏，等. 缺陷对风电叶片螺栓连接性能影响研究 [J]. 太阳能学报，2019，40 (11)：3244-3249.

[18] 杜静，唐与，韩花丽，等. 水平轴风力机主轴与轮毂联接螺栓数值分析研究 [J]. 太阳能学报，2016，37 (7)：1702-1710.

[19] 晁贯良，苏凤宇，周胜，等. MW 级风力发电机轮毂与主轴连接螺栓强度分析 [J]. 机械与电子，2016，34 (7)：38-41.

[20] 龙凯，贾娇，肖介平. 基于 Schmidt-Neuper 算法塔筒螺栓疲劳强度研究 [J]. 太阳能学报，2014，35 (10)：1904-1910.

[21] 龙凯，丁文杰，陈卓，等. 考虑螺栓疲劳损伤约束的法兰轻量化设计方法 [J]. 太阳能学报.

[22] 何玉林，吴德俊，侯海波，等. 42CrMo 风机塔筒法兰高强度螺栓疲劳寿命分析 [J]. 热加工工艺，2012，41 (4)：1-4.

[23] 周舟，杨理诚，梁勇，等. 大型风力机基础法兰高强度螺栓断裂失效分析 [J]. 太阳能学报，2016，37 (9)：2230-2235.

[24] 杜静，丁帅铭，王秀文，等. MW 级风力发电机塔筒环形法兰连接高强度螺栓疲劳评估 [J]. 机械设计，2014，31 (1)：75-79.

[25] Schmidt H, Winterstetter T A, Kramer M. Nonlinear elastic behavior of imperfect, eccentrically tensioned L-flange ring joints with pre-stressed bolts as basis for fatigue design [C]. Proceedings of European Conference on Computational Mechanics, Munich, Germany, 1999.

[26] Schaumann P, Marten F. Fatigue Resistance of High Strength Bolts with Large Diameters: The 5th International Symposium for Steel Structure, Seoul, Korea, 2009 [C].

[27] Caccese V, Berube K A, Fernandez M, et al. Influence of stress relaxation on clamp - up force in hybrid composite - to - metal bolted joints [J]. Composite Structures, 2009, 89 (2): 285 - 293.
[28] 郑晓亚，徐超，王焘，等. 螺栓-法兰连接结构非线性优化设计方法研究综述 [J]. 强度与环境，2008 (3): 7 - 13.
[29] 韩丹. 大型风电机组塔筒新型法兰系统结构设计方法 [D]. 北京：华北电力大学（北京），2019.
[30] 刘远东，尹益辉，余绍蓉. 螺栓—法兰连接结构的多目标优化设计研究 [J]. 机械强度，2010，32 (4): 656 - 659.
[31] 蒋国庆，陈万华，王元兴. 修正的响应面方法优化螺栓法兰连接结构几何参数 [J]. 国防科技大学学报，2019，41 (5): 38 - 42.
[32] 王洪锐，廖传军，许光，等. 螺栓法兰连接结构的失效分析及优化设计 [J]. 矿山机械，2016，44 (5): 78 - 82.
[33] 马人乐，刘恺，黄冬平. 反向平衡法兰试验研究 [J]. 同济大学学报（自然科学版），2009，374 (10): 1333 - 1339.
[34] 马人乐，黄冬平，吕兆华. 反向平衡法兰有限元分析 [J]. 特种结构，2009，26 (1): 21 - 25.
[35] 陆萍，秦惠芳，栾芝云. 基于有限元法的风力机塔架结构动态分析 [J]. 机械工程学报，2002，38 (9): 127 - 130.
[36] 刘雄，李钢强，陈严，等. 水平轴风力机筒型塔架动态响应分析 [J]. 太阳能学报，2010，31 (4): 412 - 417.
[37] 李德源，刘胜祥，张湘伟. 海上风力机塔架在风波联合作用下的动力响应数值分析 [J]. 机械工程学报，2009，45 (12): 46 - 52.
[38] 李德源，刘胜祥，黄小华. 大型风力机筒式塔架涡致振动的数值分析 [J]. 太阳能学报，2008，29 (11): 1432 - 1437.
[39] 龙凯，吴继秀，桑鹏飞. 大型水平轴风力机塔筒门洞屈曲分析研究 [J]. 现代电力，2013，30 (1): 90 - 94.
[40] 陈传尧. 疲劳与断裂 [M]. 武汉：华中科技大学出版社，2002.
[41] 龙凯，毛晓娥. 大型水平轴风力机塔筒焊缝强度分析. 太阳能学报，2014，35 (10): 1981 - 1987.
[42] 龙凯，毛晓娥，刘雨菁. 大型水平轴风力机塔筒顶部焊缝强度强度研究 [J]. 太阳能学报，2015，36 (2): 376 - 381.
[43] 龙凯，谢园奇，龚大副. 大型水平轴风力机塔筒门洞的强度研究 [J]. 太阳能学报，2014，35 (6): 1065 - 1069.
[44] 周张义，李芾. 基于表面外推的热点应力法平板焊趾疲劳分析研究

[J]. 铁道学报，2009，31（5）：90-96.
[45] Wolfgang Fricke. Fatigue analysis of welded joints：state of development [J]. Marine Structures，2003，16（3）：185-200.
[46] Hobbacher A F. The new IIW recommendations for fatigue assessment of weld joints and components-A comprehensive code recently updated [J]. International Journal of Fatigue，2009，31（1）：50-58.
[47] 龙凯，丁文杰，陈卓，等. 塔筒法兰间隙对螺栓疲劳损伤的影响分析 [J]. 太阳能学报，(in press).
[48] 龙凯，贾娇. 大型水平轴风力机塔筒涡激振动焊缝疲劳分析. 太阳能学报，2015，36（10）：2455-2459.
[49] European Committee for Standardisation. Eurcode 1：Actions on structures-Part 1-4：General actions-wind actions [S]. Brussels，1995.